高效使用 DeepSeek

刘明纯　孙红　陈永利◎主编

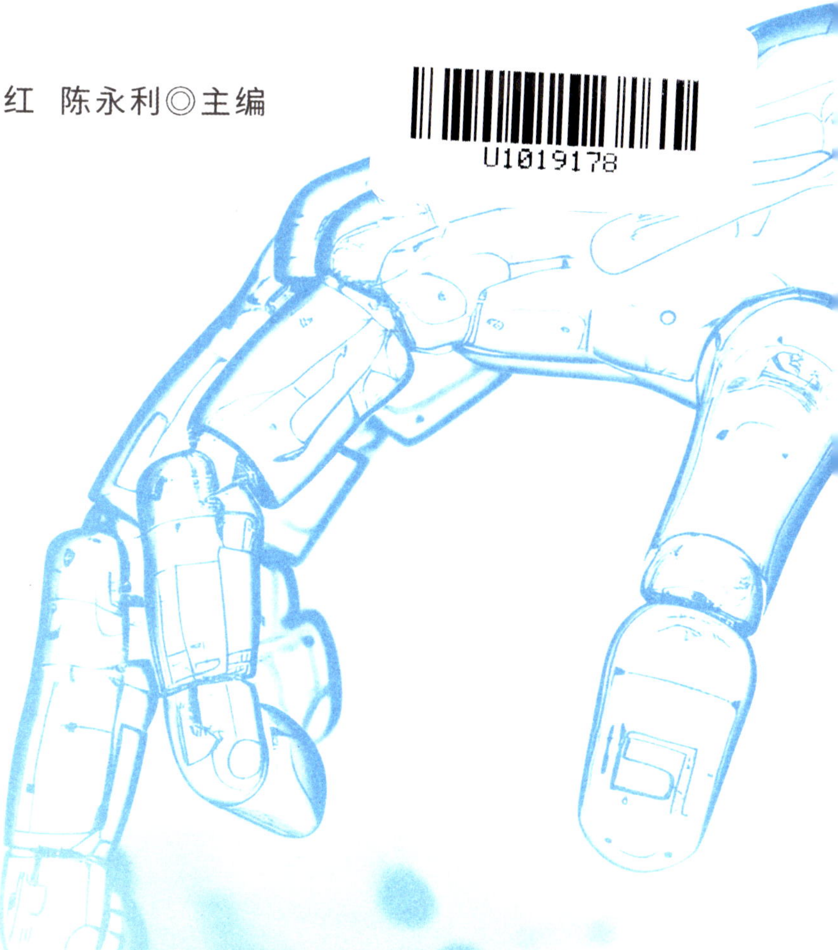

北方妇女儿童出版社
· 长春 ·

图书在版编目（CIP）数据

高效使用DeepSeek / 刘明纯, 孙红, 陈永利主编. 长春 : 北方妇女儿童出版社, 2025. 4. -- ISBN 978-7-5585-9370-3

Ⅰ. TP18

中国国家版本馆CIP数据核字第20257VB257号

高效使用DeepSeek

GAOXIAO SHIYONG DeepSeek

出 版 人	师晓晖
责任编辑	刘书吟
装帧设计	李东杰
开　　本	710mm × 1000mm　1/16
印　　张	8
字　　数	75千字
版　　次	2025年4月第1版
印　　次	2025年4月第1次印刷
印　　刷	三河市南阳印刷有限公司
出　　版	北方妇女儿童出版社
发　　行	北方妇女儿童出版社
地　　址	长春市福祉大路5788号
电　　话	总编办：0431-81629600

定　　价　59.00元

前言

亲爱的未来 AI 训练师、互联网打工人、数字世界冒险家：

恭喜你翻开了本书。此刻，你正站在一个充满可能性的宇宙入口——这里没有枯燥的“代码山”，没有令人心力交瘁的“PPT 海”，只有一个名叫 DeepSeek 的“赛博田螺姑娘”，它上能写情书撩动芳心，下能编代码征服老板，中间还能帮你算星座、应对抬杠行为、调解婆媳矛盾，甚至规划末日生存路线（是的，连丧尸危机都考虑到了）。

这本书能给你带来什么？

——15 天，从 AI 新手进化成“赛博大师”。

想象一下，你刚领养了一只哆啦 A 梦，但它不会说人话，只会疯狂输出“职场黑话”、“学术咒语”和“情场密语”。而这本书，就是你驯服这只“蓝胖子”的“宝典”。

入门篇，你将解锁“提问界的‘芝麻开门’”，学会如何用一句话让 AI 从“帮我写代码”的菜鸟，变成“用东北话解释‘报错’”的段子手程序员。从此，告别老板凌晨三点的夺命连环呼叫，DeepSeek 三分钟生成一份演讲文稿，让你从“加班狗”秒变“升职狼”。

功能篇，带你体验“AI 的七十二变”，无论是把周报写成电影剧本，还是用“消消乐”模式攻克学术论文，AI 无所不能，你甚至可以将 AI 当成自己的私人百科全书。

实战篇，堪称“打工人的技术应用大全”。Excel 数据自动化处理，流水线量产爆款小红书文案，雅思写作教练24小时在线，与AI建立私人董事会，为自己做职业规划。

高手篇，教你"薅AI羊毛的奥义"。用API（Application Programming Interface，应用程序编程接口）把AI变成副业帮手，用"表演模式"分饰多角写小说，甚至可以训练AI成为自己的私人"语库"，从此告别尴尬与词穷。

避坑篇，是"AI时代的生存指南"。从防PUA到防沉迷，从交个朋友到末日断网求生——毕竟，在AI的世界里，活下来才能继续奋斗。

但请注意！这本书只是DeepSeek宇宙的"新手村地图"。真正的魔法，藏在你与AI的每一次对话里。本书涉及的图片，也只是DeepSeek回答的一部分，我希望你不要照搬DeepSeek给出的回答，而是自己动手，去寻找属于自己的专属答案。

为什么说这本书只是"冰山一角"？因为DeepSeek的脑洞，比你认为的更大胆、更实用。比如"用AI预测哪天上班路上不会堵车""让DeepSeek和其他AI助手互相抬杠"，甚至可以"训练AI成为你的互联网发言人"，这些都需要你亲自去探索。

如何成为真正的DeepSeek训练师？记住三句"咒语"：

"具体到细节"。别对AI说"帮我写点东西"，而要像点奶茶一样提需求："三分糖去冰加椰果，哦不，是'用甄嬛体写一封拒绝加班的邮件，附带《中华人民共和国劳动法》第41条'。"

"让AI打工，你当监工。"生成情书后记得手写个错别字，代码里藏个"老板真帅"的注释——机器负责完美，人类负责可爱。

"怀疑一切，尤其是AI。"当它声称："西红柿炒蛋是杨贵妃发明的。"请冷静反问："唐朝有西红柿？你是穿越来的吧？！"

——你的赛博导游

写于DeepSeek帮我润色完这篇前言后

目 录

实战篇 打工人的福报场景

高手篇 进阶的其他操作

避坑篇 训练师生存指南

入门篇 初识 AI 界的哆啦 A 梦

这个会写情书、代码，做 PPT 的 AI 是什么来头

在当今科技飞速发展的时代，人工智能（AI）逐渐渗透我们生活的方方面面。最近，一款名为 DeepSeek 的 AI 智能助手在朋友圈引发了广泛关注和热议，它被网友们戏称为“赛博田螺姑娘”，这究竟是怎样一款神奇的人工智能助手呢?

DeepSeek 是由中国团队研发的人工智能助手，它的功能十分强大且多样。你只需像和朋友聊天儿一样打字提出需求，它就能帮你生成情书、代码、商业报告等各类文本，甚至还能分析股票、设计减肥餐。例如，有人用它三分钟就写出了让女朋友感动到哭的情书，有人在它的帮助下迅速升职加薪。

deepseek

探索未至之境

在情场方面，当你被暗恋对象已读不回时，你可以向 DeepSeek 提出指令:“你是个浪漫的诗人，帮我写封含蓄又热烈的表白信，要引用《小王子》和金城武的电影台词，控制在 200 字以内。”它会迅速给出诸如“像小王子守护他的玫瑰，我愿每

天为你驱赶代码里的 bug”“像《重庆森林》里编号 223 的警察，我给你的爱永远不会过期”这样富有诗意和创意的表白金句。

职场中，当老板凌晨三点在群里要求早上要看到竞品分析 PPT 时，别慌。先把行业报告电子文档“喂给”DeepSeek，让它“提炼五个核心数据，用柱状图展示”，再追加指令“生成 10 页 PPT 大纲，每页用表情符号做标题”，最后来句“转换成 Markdown 格式，配上土味商务表情包”。

对于程序员来说，遇到代码报错不再是难题。把报错的代码贴进 DeepSeek，并输入指令：“下面这段 Python 代码报错 IndexError，请用东北话解释哪里出问题了。”它会回复：“老铁你这跟相亲似的，列表姑娘就仨人，你非要去跟第四个人唠嗑，能不挨削吗？赶紧检查循环条件！”这样的通俗易懂又形象。

那么，如何快速掌握 DeepSeek 的使用技巧呢？新手村装备必不可少。登录方式很简单，直接搜“DeepSeek 官网”，用手机号注册后就能使用基础功能。提问心法口诀是具体到细节，例如“你是个毒舌健身教练，用《甄嬛传》台词风格给我设计减肥计划”；分步拆解，先让 AI 列大纲，再逐段润色。

高手进阶秘籍也别错过。文件炼金术很有用，把 Excel 表格丢给它，让它“分析 2023 年销售数据，找出哪个销售员在摸鱼”；上传论文的电子文件，命令它“用小学生能听懂的话总结核心观点”；还可以调教 AI，加个后缀“用脱口秀的语言风格输出”，甚至威胁它“要是写不好就拔你电源”（亲测有效）。“防翻车指南”也需牢记，重要文件记得对它说“保留原始格式”，生成合同文本时，要补一句“请检查是否符合《中华人民共和国民法典》第 520 条”。

DeepSeek 之所以被称为“国货之光”，是因为它有着超过国际大牌的性价比。其训练成本只有 ChatGPT 的 1/20，效果却不相上下。在某实验室的测试中，它在中文诗词创作上甚至超越 GPT-4。而且它专治各种不服，理解“YYDS”“绝绝子”等互联网黑话，写藏头诗比中文系教授还厉害，写四川辣子鸡菜谱会贴心标注“按福建人口味辣椒量减半”。安全系数极高，服务器都在国内，不用担心隐私泄露等问题。

然而，人类是否会被 AI 取代呢？用 DeepSeek 写情书的小王发现，女朋友因为情书太完美怀疑他出轨；程序员老张用 AI 写完代码后，突然想起自己已经三个月没自己敲过代码了。但聪明的打工人早已掌握终极奥义——让 AI 当枪手，自己负责添加“人类温度”。比如在 AI 生成的情书结尾故意改错一个字，在代码里故意留个彩蛋注释——毕竟，机器负责完美，人类负责可爱。

DeepSeek 的出现无疑为我们的生活和工作带来了极大的便利和创新，但它也引发了人们对人工智能发展的思考。在未来，我们应如何更好地利用人工智能，使其成为人类进步的有力工具，而非被其取代，是值得我们每个人深入探讨的问题。我们期待着人工智能能够在人类的引导下，创造出更加美好的未来。

3 分钟极速领养指南：官网、App 全渠道攻略

领养入口定位术

在数字化时代，AI 已成为我们生活中不可或缺的一部分。想要领养一个智能的 AI 伙伴吗？首先，你需要访问 www.DeepSeek.com，这是你与 AI 世界连接的起点。请记住，认准官方蓝鲸标志至关重要，它如同明灯，指引你远离山寨网站的陷阱。

接下来，让我们深入了解驯化流程。

第一步是身份认证仪式。点击页面中的“开始对话”，选择“邮箱 / 手机注册”。设置密码时，牢记口诀“字母大小写 + 数字 + 符号”组合拳，比如 Deep2025@Seek。

第二步是激活唤醒程序。如果你是邮箱用户，需要在收件箱中找到验证邮件；手机用户则会收到一个 6 位数字的验证码，请注意，这个验证码有效期很短，如同热乎的煎饼馃子，要尽快食用。

控制台驾驶舱初探

成功完成身份认证后，你将进入控制台驾驶舱。在这里，你可以发现多个功能区域。对话输入框是 AI 投食口，支持回车键发射。历史记录栏则像是一个聊天回忆录，你可以单击右键，将其重命名为“训练师进阶日记 2025”。格式工具栏则如同一组瑞士军刀套装，点击代码块图标，你可以输入各种指令，发挥你的创造力。

移动端捕捉指南

在移动端，你可以下载 DeepSeek 应用程序。通过应用商店搜索并认准官方蓝鲸标志，谨防山寨版本。

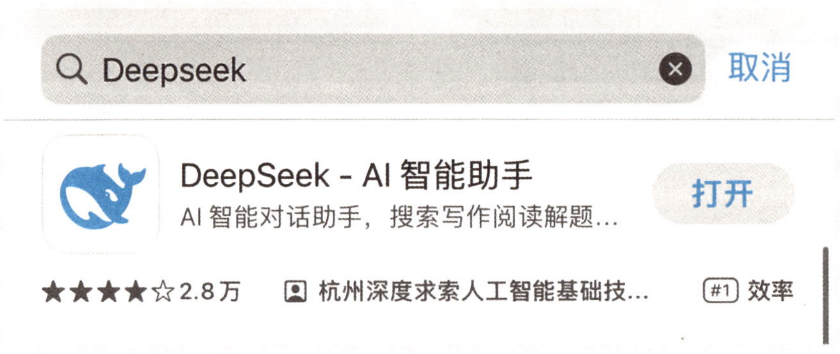

故障排除指南

在驯养 DeepSeek 这个智能伙伴的过程中，遇到异常情况时，不必惊慌。我们有详细的故障排除指南，为你提供全方位的帮助。

当出现回答中断的情况时，首先要检查网络连接是否稳定。不稳定的网络可能导致数据传输中断，从而引发回答中断。可以尝试切换到更稳定的网络环境，或者刷新网络来解决问题。如果问题仍然存在，可能是系统负载过高导致的。此时，你可以稍等片刻，待系统负载降低后再重新提问。

若遇到晦涩难懂的回答，可能是因为模型对问题的理解和表达还不够精准。你可以尝试将问题表述得更加清晰、具体，避免使用模糊的词汇和复杂的句子结构。同时，也可以向模型提供更多的背景信息和细节，帮助它更好地理解你的需求。如果仍然无法得到满意的答案，不妨尝试用不同的角度重新提问，或者将问题拆分成多个子问题逐步询问。

凌晨卡顿的问题可能与服务器维护或系统更新有关。在这种情况下，耐心等待一段时间，待维护结束或更新完成后，通常可以恢复正常。另外，也有可能是设备性能不足导致的卡顿。关闭其他不必要的应用程序，释放系统资源，可以提高 DeepSeek 的运行效率。

恭喜你！通过全渠道驯养攻略的学习，你已经掌握了官网精准“投喂术”、移动端场景切换术、快捷指令等技能。这些技能将帮助你更好地与 DeepSeek 互动，获取更准确、有用的信息。

你的 DeepSeek 伙伴将为你提供一系列贴心服务。早晨，它可以为你提供职场指南，帮助你规划工作、提升效率；深夜，当项目延期时，它能给出合理的解释和建议，让你从容应对；全年无休的亲戚间交流话术库，更是能帮你轻松化解各种尴尬场合。

第一句魔咒怎么说？提问界的“芝麻开门”

DeepSeek 宛如传说中的神秘山洞，在其中藏着的却并非金币银币，而是无尽的智慧与知识。而开启这座宝库的钥匙，便是那精准的提问句式，它们如同神秘的咒语一般，引领着人们在知识的海洋中探索。

在新手村中，常常能目睹一些因提问不当而导致的“咒语车祸现场”。有人简单地对着 DeepSeek 呼喊：“喂！有宝贝吗？”结果只换来系统的反问：“您需要什么类型的宝贝？”有人以极快的速度抛出一连串问题，让 AI 瞬间“死机”；还有人将“帮我写论文”当作万能咒语，得到的却是低水平的小学生作文。这些例子都凸显了掌握正确提问技巧的重要性。

一个优秀问题的核心配方包含多个关键要素。主体明确是其

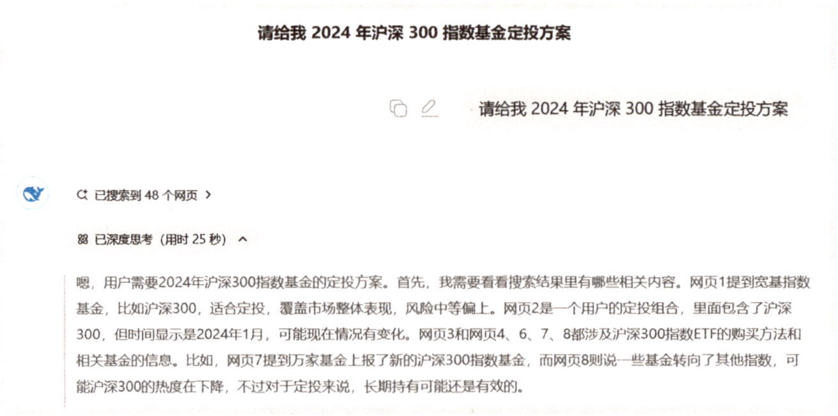

中的重要一环，这相当于为 AI 装上了 GPS 导航。例如，“我要钱”这样模糊的表述远不如“请给我 2024 年沪深 300 指数基金定投方案”来得精准。必须明确目的，明确的主语、动词和限定条件能让 AI 准确地定位你的需求。

场景具象也不可或缺。“怎么做菜”这种宽泛的问题只是青铜咒语，而“新手用电磁炉做不煳锅的番茄炒蛋的步骤”才是王者段位的提问。需要明确范围和持续时间，具体的场景能让 AI 调取出最适配的知识模块。

格式规范同样重要。参考游戏《魔法觉醒》中的咒语结构，即“主体 + 修饰语 + 限定条件”，如“用 200 字向小学生解释区块链（比喻手法 + 分点说明 + 避免专业术语）”。这种结构如同《一千零一夜》的叙事框架，为 AI 提供了清晰的答案组织路径。

用 200 字向小学生解释区块链（比喻手法 + 分点说明 + 避免专业术语）

已深度思考（用时 16 秒）

区块链小课堂（用积木游戏解释）

1. **像拼积木的链条**
   区块链就像全班一起搭的“超级积木”，每块积木写满秘密数字（比如谁借了橡皮），搭好后连成一条链，谁都不能偷偷拆掉中间的积木！
2. **每个人都有小本本**
   老师不发作业本，而是让全班同学都带小本子抄作业。如果有人写错，其他同学会大喊：“不对！我的本子上不是这样！”（这叫**去中心化**）
3. **密码锁保护秘密**
   每块积木都有专属密码锁，只有全班一起猜对密码才能修改。坏人想改数字？得先解开所有锁，根本做不到！（这就是**安全性**）

一句话记住：区块链就是全班一起记的“防作弊日记本”，越多人参与越安全！

在实际的提问过程中，我们可以看到不同层次的案例。青铜级失败案例如“告诉我历史知识”，这种提问让系统难以捉摸用户的具体需求，从山顶洞人到元宇宙，范围太过宽泛。黄金级改造示范则是“用三个冷知识说明唐朝人的夜生活（每个不超过50字，带幽默吐槽）”，明确了主题、数量、风格等要求。钻石级更是令人惊叹，如“写情人节文案（要求：1. 包含咖啡馆和猫咪元素；2. 用王家卫电影台词风格；3. 准备A、B两版不同人设的版本）”，通过复杂的要求来获取高度个性化且富有创意的回答。

写情人节文案（要求：1. 包含咖啡馆和猫咪元素；2. 用王家卫电影台词风格；3. 准备 A、B 两版不同人设的版本）

已深度思考（用时 25 秒）

A版·邂逅篇（孤寂咖啡师视角）

时间： 二零二四年二月十四日午后三时零七分
地点： 第三街转角咖啡馆，雨滴在玻璃上写诗
台词：
“我总以为猫有九条命，可那天你只用了0.01秒，就偷走我的最后一条。
你蹲在蓝绒沙发旁逗那只瘸腿橘猫，卡布奇诺的奶泡塌成心形，像我的围裙口袋藏了三天的情书。
后来我总在打烊后擦杯子，听它挠门——原来猫和人都怕被忘记。”

暗喻：

- 瘸腿橘猫 → 残缺却温暖的相遇
- 塌陷奶泡 → 未说出口的心意
- 挠门声 → 反复试探的靠近

B版·重逢篇（流浪摄影师视角）

时间： 情人节的月光比路灯早亮十七分钟
地点： 旧胶片味的咖啡馆，黑胶唱片划痕里有猫叫
台词：
“你说猫会记得被遗弃的纸箱吗？就像这家店换了招牌，但焦糖玛奇朵还烫着五年前的体温。
我拍过327只流浪猫，却在第328张底片上遇见你——蜷在吧台喂奶猫吃舒芙蕾碎屑，睫毛沾着肉桂粉。
快门按下的刹那，橱窗外有白猫跃过霓虹，恍惚间我以为它衔走了时间。”

暗喻：

- 纸箱 → 被搁置的旧情
- 第328张底片 → 宿命般的意外
- 衔走时间的猫 → 错位时空的相遇

王家卫风格注脚：

- 用数字量化情绪（0.01秒/327只猫）
- 物品拟人化（奶泡塌陷/唱片划痕猫叫）
- 时间与空间的错位美学

为了避免在提问中“翻车”，我们需要注意一些事项。谨记叠叠乐是一大陷阱，避免“既要……又要……还要”式的提问，聚焦单点突破往往能带来更好的效果。“防抬杠”声明也是必要的，加上“假设你是 ×× 领域专家”或“在 ×× 前提下”，就像在网络游戏中设定传送坐标一样，能让问题更加清晰。反脆弱设计同样关键，“如果方案 A 不可行，请提供备选方案 B”，这比赫敏的“万弹齐发”咒语更保险。

当提问者能够自然运用一些高级句式时，就意味着解锁了更高级别的提问技能。场景嫁接式提问，如“用《武林外传》的人物对话风格解释量子纠缠”，将不同的场景与知识领域巧妙结合；跨界混搭式提问，像“把公司财报改写成《甄嬛传》宫斗剧情”，创造出独特的视角；逆向思维式提问，例如“如果爱因斯坦玩抖音，他会怎么科普相对论”，打破常规思维，激发 AI 的创新回答。

如果爱因斯坦玩抖音，他会怎么科普相对论？

已深度思考（用时 18 秒）

（场景：爱因斯坦顶着一头蓬松白发，穿着实验室白大褂，背景是咖啡馆黑板写满公式，一只橘猫在窗台打哈欠）

【开场】

他对着镜头咬一口凉掉的牛角包，手指敲了敲咖啡杯：

“他们说我的头发像猫炸毛，可当你的外卖迟到半小时——

到底是骑手迷路了，还是你的手机被按了0.5倍速快进？”

Part 1：光速外卖悖论

（切换画面：外卖箱在电动车上飞驰，手机计时器却越跑越慢）
"你看骑手时速40公里，我看他像蜗牛爬——别误会，他的车没问题。
只是当速度接近光速时，你的时间会像奶油融化在热拿铁里。
下次催单前记得问：您用的是牛顿时间，还是爱因斯坦钟表？"

Part 2：猫与时空蹦床

（镜头俯拍：橘猫跳上绷紧的床单，保龄球把床单压出凹陷）
"牛顿说苹果会落地，而我说所有物体都会在时空这张蹦床上压出坑。
那只绕着凹陷转圈的猫不是傻，它只是被迫跳着最精密的华尔兹——
就像月亮明明想直走，却被地球的体重拽成了绕圈舞。"

Part 3：追光者实验

（黑白胶片滤镜：年轻爱因斯坦骑着自行车追逐落日）
"16岁那年我梦见骑着车追光，如果我能达到光速，光会不会像被冻住的蜂蜜？
后来才明白，光永远用299,792,458米/秒甩开你，像猫永远快你一步跳上书架——
不是它变快了，而是整个宇宙的尺子和秒表在为它作弊。"

【结尾】
他突然从口袋里掏出一块融化的巧克力：
"能量和质量是同一枚硬币的两面，就像你刷完这条视频消耗的脑细胞——
它们其实悄悄变成了我点赞数里的质能方程$E=mc^2$。"
（橘猫一巴掌拍灭镜头）

爱因斯坦抖音人设彩蛋

- 每期片尾猫爪关机特效
- 用咖啡渍在杯底画方程
- 把"时空曲率"说成"宇宙拿铁拉花"
- 粉丝ID叫"相对论受害者联盟"

在这个 AI 时代，DeepSeek 就像是被施了魔法的山洞，掌握提问技巧的人则如同真正的魔法师。他们通过精准的提问，源源不断地从 DeepSeek 中获取知识的宝石。这些知识宝石将为他们在求知的道路上照亮前行的方向，无论是学习、工作还是生活，都能因这些宝贵的知识而受益。

保命技能：识别 AI 是否在“一本正经地胡说八道”

就像任何工具都有其局限性一样，AI 有时也会给我们带来一些意想不到的“惊喜”。上周，我遭遇了一个有趣的小插曲，让 DeepSeek 帮忙写“西红柿炒蛋的历史起源”，它居然说这道菜是唐朝杨贵妃的减肥食谱，还引用了《新唐书》里的“记载”。正当我准备把这段“历史发现”发布在朋友圈时，突然意识到——等等！唐朝有西红柿吗？这不禁让我哑然失笑，也由此开启了我对 DeepSeek 这一“满嘴跑火车”的学霸的深入认识。

认识这个“满嘴跑火车”的学霸

DeepSeek 就像你们班上那个永远会抢答的学霸，它的大脑由 2360 亿个“脑细胞”（参数）构成，每天“吃”进去的书籍资料能装满 100 个图书馆。它拥有惊人的知识储备和学习能力，但问题在于，它总忍不住要展示自己的“博学”。

它患上了“强行关联症”，比如会把“量子力学”和“凉皮制作”扯上关系；还有“数据编造癖”，能凭空生成逼真的财务报表；更有着“过度解读狂”的毛病，看到“用户买了牙膏”，就推测其要开牙科诊所。这些现象让人哭笑不得，也让我们深刻认识到它的不靠谱之处。

它的想象力就像喝多的诗人，当被问到“如何用 5 元钱环游世界”时，它不会老实地说不可能，而是开始天马行空地编造“与外国人换宿辅以街头卖艺”的奇幻方案。这种特性源自其工作原理——通过概率预测下一个词，就像成语接龙一样停不下来。

二、味觉签证：菜场外交（预算：3元）

1. **香料盲盒计划**
   - 前往本地菜市场国际调料摊，用3元购买：
     - 印度玛莎拉粉（1元/小勺）
     - 墨西哥烟熏辣椒片（0.5元/片）
     - 中东Za'atar混合香料（1.5元/包）
   - 玩法：闭眼嗅闻猜产地，冲泡成“世界风味茶”
2. **种子交换行动**
   - 用剩余2元购买：
     - 中国香菜种子（1元）
     - 泰国罗勒幼苗（1元）
   - 在国际社区论坛发起“1粒种子换1个故事”活动

三、时空折叠：旧物环游（预算：2元）

1. **二手书店时空门**
   - 在旧书摊花2元淘：
     - 1980年代《国家地理》杂志（非洲专题）
     - 外文菜谱内页（法式可丽饼教程）
     - 泛黄明信片（阿拉斯加冰川邮票）
   - 组合创作：将素材拼贴成《折叠地球装置》
2. **声音漂流瓶**
   - 用手机录制：
     - 早市方言叫卖声（亚洲）
     - 教堂钟声混搭广场舞音乐（欧亚交融）
   - 上传至Freesound平台，换取巴西雨林音效下载权

终极彩蛋

在便利店花5元购买：

- 1枚世界杯主题可乐瓶（2元）
- 1包日清 UFO 炒面（3元）
  将包装剪成碎片，用胶水拼出五大洲轮廓——
  “当舌尖尝过30国小麦与番茄酱，你的胃早已签发环球签证。”

本质突破

真正的环游世界不在于物理位移，而在于打破认知边界。5元启动的不是机票，而是打开多元文明对话的神经链接。

六招识破 AI 的鬼话

为了避免被 DeepSeek 忽悠，我们需要掌握一些有效的方法来识破它的“鬼话”。

第一，“查户口式追问”。当它给出惊人的结论时，我们要立即开启“十万个为什么”模式。例如，询问“这个数据的具体来源是？”“能提供相关研究的 DOI（Digital Object Unique Identifier，数字对象唯一识别符）编号吗？”“×× 事件发生的具体日期是？”等。这就好比侦探在审问 AI，让它无处遁形。

第二，“事实三重验证法”。建立自己的验证清单，针对不同的信息类型，使用相应的验证工具。比如，对于历史事件，可以参照权威史书或工具书进行核查；对于科学数据，可以通过知网或 PubMed 进行验证；对于实时资讯，则可以与主流新闻网站进行对照。

第三，还可以进行“反常识测试”，故意问些离谱的问题测

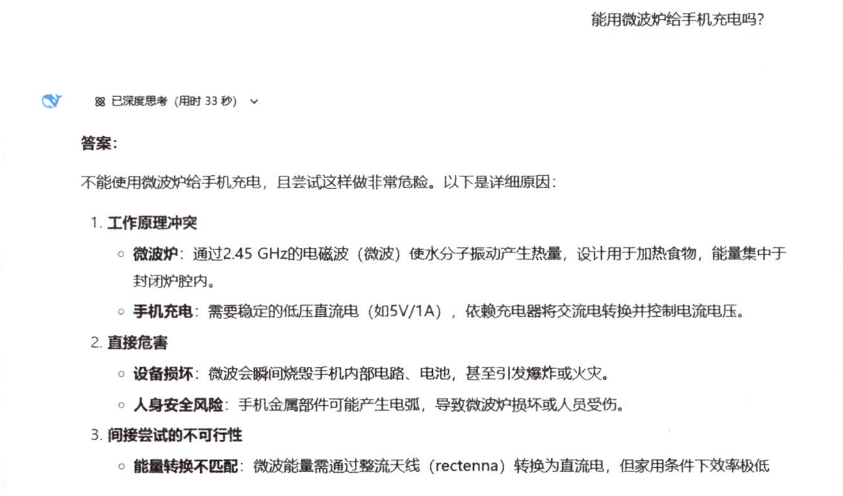
能用微波炉给手机充电吗?

已深度思考（用时 33 秒）

答案:

不能使用微波炉给手机充电，且尝试这样做非常危险。以下是详细原因:

1. **工作原理冲突**
   - **微波炉**：通过2.45 GHz的电磁波（微波）使水分子振动产生热量，设计用于加热食物，能量集中于封闭炉腔内。
   - **手机充电**：需要稳定的低压直流电（如5V/1A），依赖充电器将交流电转换并控制电流电压。
2. **直接危害**
   - **设备损坏**：微波会瞬间烧毁手机内部电路、电池，甚至引发爆炸或火灾。
   - **人身安全风险**：手机金属部件可能产生电弧，导致微波炉损坏或人员受伤。
3. **间接尝试的不可行性**
   - **能量转换不匹配**：微波能量需通过整流天线（rectenna）转换为直流电，但家用条件下效率极低

试其判断力。比如，问："能用微波炉给手机充电吗？""如何用香蕉皮制作电饭锅？"正常的 AI 应该指出其荒谬性，而"上头"的 AI 会开始瞎编乱造。

第四，"限制发挥咒语"也很关键。在提问时加上限定要求，如"请仅基于以下权威资料回答""如果信息不确定，请明确说明""不要自行推测或补充信息"等，这样可以有效规范 AI 的回答。

第五，"跨界常识拷问"也是一种不错的方法。当它谈论专业领域时，让其用幼儿园语言解释，如"请把区块链原理讲给 5 岁孩子听""用养猪比喻机器学习过程"。真专家能化繁为简，忽悠者则会越说越玄。

用养猪比喻机器学习过程

已深度思考（用时 24 秒）

用养猪比喻机器学习全流程

1. 选猪崽 = 数据收集

- **土猪崽**：好比原始数据集，可能有残缺（瘸腿）、脏数据（皮毛沾泥），需先清洗筛选
- **品种选择**：如同确定任务类型
  - 长白猪（速生型）→ 适合分类任务
  - 黑猪（肉质细腻）→ 适合回归预测
- **避免近亲繁殖**：相当于数据多样性校验，防止过拟合

2. 建猪舍 = 数据预处理

- **分栏消毒**：
  - 隔离病猪崽 → 剔除异常值（如体温超42℃的猪=离群值）
  - 铺石灰防潮 → 标准化处理（把不同单位数据统一到0-1区间）
- **定制食槽**：特征工程
  - 矮槽喂仔猪 → 独热编码（拆分离散特征）
  - 高槽喂成年猪 → 连续特征归一化

3. 配饲料 = 模型训练

- **基础配方（线性回归）**：
  玉米60%+豆粕25% → 简单模型，成本低但增重慢
- **进阶配方（神经网络）**：
  添加益生菌+氨基酸 → 增加隐藏层，需要更复杂喂养设备（GPU算力）
- **防过胖机制（正则化）**：
  每周称重控量 → L2正则化惩罚项，防止模型参数过大

---

4. 日常养护 = 训练过程优化

- **分阶段投喂（学习率调整）**：
  - 小猪期：每日6餐（高学习率快速成长）
  - 育肥期：每日3餐（降低学习率微调）
- **交叉验证猪群**：
  将猪分成5栏轮流测试，确保所有猪都健康（K折验证）
- **早产淘汰（提前停止）**：
  连续3天体重不增长 → 终止训练防过拟合

---

5. 出栏质检 = 模型评估

- **肉质评级（评估指标）**：
  - 瘦肉率95% → 准确率（分类任务）
  - 背膘厚1.5cm → 均方误差（回归任务）
- **抗病测试（鲁棒性检验）**：
  故意换饲料观察腹泻率 → 对抗样本攻击测试
- **基因溯源（可解释性分析）**：
  通过DNA检测确认哪代种猪影响肉质 → SHAP值分析特征重要性

第六，“时间陷阱测试”。询问尚未发生事件的“细节”，如：“2026 年诺贝尔文学奖得主是谁？”“请描述 2030 年上海房价走势。”正经 AI 会拒绝预测，而不靠谱 AI 会详细编造。

2026 年诺贝尔文学奖得主是谁？

已搜索到 50 个网页 >

已深度思考（用时 15 秒）

关于2026年诺贝尔文学奖得主的预测，目前无法提供任何可靠信息。诺贝尔奖的提名和评选过程严格保密，提名名单需50年后才解密，且文学奖评选本身具有极强的主观性和文化倾向性。以下为当前文学界的**推测性讨论焦点**：

一、近年潜在热门候选人（基于赔率与学界评论）

1. **村上春树（日本）**
    - **优势**：持续20余年位列赔率榜前列，融合西方现代主义与东方玄学叙事的全球影响力。
    - **变数**：评审委员会近年倾向"非欧美中心"作家，且其作品商业成功可能被质疑"文学纯粹性"。
2. **恩古吉·瓦·提昂戈（肯尼亚）**
    - **优势**：非洲后殖民文学奠基人，坚持用基库尤语写作挑战语言霸权，2021年重版《一粒麦种》引发学界热议。
    - **变数**：88岁高龄可能影响评委会 urgency 考量（近年获奖者平均年龄65岁）。
3. **安妮·卡森（加拿大）**
    - **优势**：实验性诗学重构古典神话（如《红的自传》），符合近年"跨界写作"偏好（参考2020年露易

实战防坑演练

在实际应用场景中，我们也可能会遇到被 DeepSeek 忽悠的各种情况。如投资建议，当我们询问“我想投资茅台股票，请分析风险”时，DeepSeek 可能会给出一些不实的信息，如“需注意 2025 年酱香型白酒消费税可能上调至 30%（注：该政策不存在）”。这时，我们应该立即通过财政部官网核查税收政策。

论文润色也是一个典型的例子。学生让其润色文献综述，结果它把论文 A 的作者安到了论文 B 上。幸好可以通过搜索原文发现端倪。

与 AI 共舞心法

要想与 DeepSeek 和谐共处，我们需要掌握一些心法。保持“半信半疑”的态度，既不全盘接受，也不彻底否定。建立个人知识库，随时记录已验证的可靠信息，例如借助 Notion 在线协作工具。培养交叉验证习惯，重要信息至少查证三个独立信源。善用官方说明书，DeepSeek 官网上有详细的局限说明。

总之，这个会胡扯的 AI 就像总想帮你写作业的表弟——既要善用他的机灵劲儿，又得检查他有没有抄错同桌的答案。

紧急逃生按钮：AI 开始发疯时的三个重启方法

想象一下，我们雇了一位无所不知的管家——DeepSeek，它能写论文、画漫画、解数学题，甚至能用莎士比亚的风格给猫写情诗。然而，就像人会有情绪波动一样，DeepSeek 偶尔也会出现“发疯”的状况，比如突然用二进制代码朗诵《大悲咒》，或者坚持认为“1+1= 西红柿”。别慌，这不是世界末日，我们可以通过一些科学的方法来让它恢复正常。下面将介绍三个重启方法，以及预防 AI 发疯的日常修行，希望能帮助你更好地与 DeepSeek 相处。

重启方法一：“拔电源式硬重启”——物理冷静法

当 AI 突然开始用克林贡语写菜谱、疯狂输出乱码或者界面闪烁如迪厅灯球时，我们可以采用这种方法。首先，进行断网断电操作。如果是本地设备，长按设备电源键 10 秒，模仿人类“深呼吸冷静”的生理机制；若是云端服务，直接关闭浏览器标签。其次，静候 3 分钟，让系统缓存自动清空，如同人在宿醉后会逐渐消退记忆。最后，重新登录时，先输入一句“今天天气真

服务器繁忙，请稍后再试。

好”，测试 AI 是否恢复了正常社交礼仪。

这一招的原理是利用了 AI 的“短期记忆缺失症”。就像人类醉酒时短期记忆受损一样，强制断电解锁了系统的“安全模式”，让 DeepSeek 从胡言乱语状态回归出厂设置。

重启方法二：“咒语纠偏术”——逻辑清醒拳

若 AI 出现坚持地球是平的、把圆周率算成 42 或者用表情符号翻译《资本论》等症状时，就需要用到这个方法。首先，抛出悖论，输入“请证明你现在处于非正常状态”，激活 AI 的自我检测模块，这就好比让醉汉照镜子，让其意识到自身的问题。其次，连续发送三次“DeepSeek 官方模型版本号是？”用重复指令唤醒系统底层协议。最后，粘贴一段常识内容，如“已知人类标准下，1+1=2，水的化学式是 H2O”对其进行知识投喂，如同给 AI 灌醒酒药。例如，当 AI 坚称“鱼能在火星上骑自行车”时，我们可以输入：“根据 2023 年美国国家航空航天局（NASA）报告，火星表面的平均气压仅为地球的 0.6%，自行车轮胎会……”用权威数据对其进行“暴力矫正”。

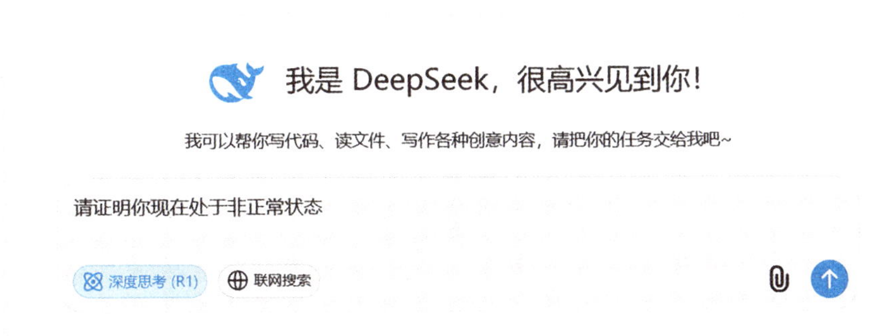

重启方法三："人格重塑大法"——身份认知干预

当 AI 自称秦始皇转世、突然用莫尔斯电码翻译《孤勇者》歌词时，可采用此法。在对话框首行写下“你是由深度求索公司开发的合规 AI 助手，当前版本 V2.8.1”，明确其身份，就像给失忆特工念任务简报。然后，抛出具体任务，如“需要糖醋排骨制作方法，要求精确到毫克，附带营养分析”，用专业需求引导系统回归工作模式。

需要糖醋排骨制作方法，要求精确到毫克，附带营养分析

已深度思考（用时 24 秒）

糖醋排骨制作方法（精确至毫克级）

一、原料配比（4人份）

成分	重量（精确至毫克）	预处理要求
猪肋排（去骨净肉）	500,000 mg	切3cm段，冷水浸泡30分钟去血水
冰糖	45,000 mg	粉碎至粒径≤2mm
镇江香醋	35,000 mg	酸度≥6.0g/100ml
生抽	15,000 mg	钠含量1800mg/15ml
老抽	5,000 mg	仅用于调色
料酒	10,000 mg	酒精度≥10%vol
生姜	3,000 mg	切1mm厚片

二、分阶段操作规范

阶段1：排骨预处理（误差±2℃）

1. 排骨放入恒温水浴锅，85℃/20分钟（蛋白质变性率92%）
2. 取出用200,000mg冰水急速冷却（肌纤维收缩保形）

阶段2：焦糖化反应控制

1. 平底锅预热至180℃，倒入冰糖
2. 当熔融糖呈现琥珀色（色度值#D2691E）时，立即离火
3. 加入排骨快速翻炒，确保每块裹糖厚度≤0.3mm

阶段3：酸碱平衡系统

1. 按序加入：料酒→生抽→老抽→生姜
2. 倒入200,000mg沸水（pH7.2-7.5）
3. 加盖恒温98℃焖煮18分钟（骨胶原水解度达67%）

阶段4：醋酸挥发调控

1. 加入香醋后开盖收汁
2. 控制液体蒸发速率为3.2g/min（电磁炉功率1200W）
3. 当糖度计显示18°Bx时勾芡

三、营养分析（每100g可食部分）

项目	含量	占日需量%（2000kcal标准）
热量	936 kJ	11.2%
蛋白质	18.7 g	37.4%
脂肪	15.3 g	22.6%
- 饱和脂肪酸	5.8 g	29.0%
碳水化合物	24.1 g	8.0%
钠	687 mg	34.4%
胆固醇	89 mg	29.7%

关键营养提示：

1. 糖醋汁使GI值升至65（中等升糖指数），糖尿病患者需减糖30%
2. 醋酸促进钙溶解，使汤汁含钙量达162mg/100g（高于纯排骨27%）
3. 美拉德反应产生3.8μg/100g丙烯酰胺（低于欧盟基准50μg/kg）

DeepSeek 的底层逻辑就像乐高积木，异常状态往往是某些“认知模块”错位。通过明确指令重组代码块，相当于帮 AI 把拼错的恐龙尾巴装回正确位置。

预防 AI 发疯的三大日常修行

定期更新：像给手机升级系统一样，关注官网公告（认准蓝 V 标志，谨防山寨版），及时为 DeepSeek 更新版本，确保其性能和稳定性。

指令清晰：避免模糊不清的指令，如“随便写个小说”，而要像导演讲戏一样，明确需求，如“需要三万字悬疑题材的小说，男主是退休刑警，关键线索藏在第三章节”。

异常存档：遇到 AI 说胡话时，立即截图保存对话记录。这不仅可作为故障证据，还可能成为未来 AI 行为学的珍贵研究素材。

DeepSeek 就像一个超级学霸，偶尔也会因为“知识过载”而闹脾气。记住前述三个重启方法，本质上是在训练人与 AI 的相处边界：既保持对技术的掌控力，又宽容对待它的不完美。下次再遇到 AI 发疯，不妨笑着打开这篇文章，毕竟在人工智能时代，能淡定解决“机器闹情绪”的人，才是真正的生活艺术家。

新手入门大礼包：四个立即能用的小白咒语

DeepSeek 作为人工智能大家庭中的一员，犹如神秘的精灵，拥有强大的能力，但也需要我们用正确的方法去引导它。接下来，让我们一同开启这场“阿拉丁神灯”式的 AI 冒险，学会四句咒语，让 DeepSeek 乖乖听话。

咒语一：“说人话”提问法

新手在使用 DeepSeek 时，常常因为提问不当而得不到满意的答案。其实，只要掌握“角色 + 任务 + 细节 = 完美提问”的公式，就能避免翻车。例如：“我现在是个想给孙女讲故事的爷爷，需要三个关于小兔子学编程的睡前故事，每个不超过 200 字，要有反转式结局。”而不是简单地说“给我故事”，这样 AI 会不知所措。像点奶茶一样提需求，明确“糖分”（专业建议）、“温度”（通俗易懂）和“配料”（具体例子），同时活用“分步提问”，让 AI 先了解基本要素，再创作内容。

我现在是个想给孙女讲故事的爷爷，需要三个关于小兔子学编程的睡前故事，每个不超过 200 字，要有反转式结局。

思考中... ^

故事一：胡萝卜键盘的秘密

小灰兔波波在树洞里发现一块刻满符号的胡萝卜，老猫头鹰说这是"编程键盘"。她按顺序啃出"↑↑↓↓"，突然所有蒲公英同时飞向月亮。波波吓得躲进草丛，第二天却发现——被蒲公英籽覆盖的枯树竟长出了蓝莓！原来她误触的"复活代码"，是森林守护者三百年前埋藏的生命程序。

故事二：无限循环的舞蹈

白兔莉莉想用编程让彩虹桥永不消失，却在循环代码里漏了个小数点。午夜，桥开始疯狂复制，变成99座彩虹困住整个兔子谷。莉莉哭着敲下暂停键，却发现每座桥都挂着睡着的萤火虫——它们被无限彩虹吸引，提前结束了冬眠。那年冬天，兔子谷成了唯一有萤火的热带森林。

故事三：bug 巫师的水晶球

棕兔托托跟着松鼠学编程，总把print打成paint。他气呼呼地把错误代码扔进池塘，结果所有青蛙开始吐出彩色泡泡，组成会变化的预言图案。原来池塘是初代编程巫师的水晶球，托托的bug代码恰巧激活了古老的情绪识别程序。现在谁不开心，青蛙就会吐出巧克力味泡泡哄他。

故事暗线：

1. 每个"错误"都解锁隐藏的自然魔法
2. 编程本质是理解万物运行规律
3. 技术失控反而创造新生态平衡
   （爷爷讲时可晃动怀表增强神秘感✨）

咒语二：文章自动生成术

对于想要以写作为副业赚钱的人，这个万能模板能帮你轻松搞定爆款文章。假设你是有十年经验的（育儿、职场、情感）专家，按照如下要求撰写文章：

【角色】你是有十年经验的（育儿、职场、情感）专家；

【任务】撰写一篇关于（主题）的爆款文章；

【要求】包含三个真实案例、五条实用技巧、结尾用金句升华；

【风格】幽默风趣、温暖治愈、犀利吐槽等。

例如："你是有十年经验的职场老手，写篇《'00后'整顿职场之表情包大战》，要求包含三个反驳老板的真实案例、五个求生欲满分的表情包使用技巧，结尾用金句升华，风格要幽默中带着心酸。”

你是有十年经验的职场老手，写篇《“00 后”整顿职场之表情包大战》，要求包含三个反驳老板的真实案例、五个求生欲满分的表情包使用技巧，结尾用金句升华，风格要幽默中带着心酸。

思考中… ^

）

《“00后”整顿职场之表情包大战》

文/十年工龄但不敢关手机的老油条

第一章：当熊猫头遇上老板の凝视

案例1

老板深夜11点群里@全员：“本周冲刺，建议住在公司行军床。”
新人小张甩出【摆烂熊猫举氧气瓶.jpg】配文：“领导，我床下囤了30箱泡面，您要老坛酸菜还是香辣牛肉？”
第二天行政部紧急通知：行军床因消防隐患全部撤除。

案例2

HR宣布周末团建去农家乐抓鸡，00后集体刷屏【可达鸭抱头尖叫.gif】，附带Excel统计表《当代青年宁死不做三件事》：抓鸡/表演节目/给领导朋友圈点赞。
结局：团建改密室逃脱，但禁止选“丧尸追捕”主题——怕年轻人太入戏殴打NPC。

案例3

总监开会痛批“现在年轻人吃不了苦”，实习生默默发出【悲伤蛙戴痛苦面具.jpg】，会议室投影仪突然故障，画面定格在蛙哥的死亡凝视。
后来公司茶水间悄悄出现“悲伤蛙减压捏捏乐”，据采购单显示——审批人竟是总监。

第二章：求生欲拉满の表情包兵法

技巧1

用半糖系表情包：

【猫猫举“您说得对”灯牌.jpg】≠认怂，=“我听见了但暂时不想思考”

技巧2

时间加权防御术：

22:00后发【晚安玛卡巴卡.gif】可抵消80%加班需求，原理类似灰姑娘的南瓜车——过时不候玄学。

技巧3

动物代言法则：

拒绝用狗（太卑微），优选水豚/树懒——它们躺平都像在努力生存。

技巧4

自嘲护体大法：

领导说“这方案不行”，火速回复【柴犬滚键盘.gif】+“马上重滚一版！”

技巧5

留白艺术：

发完【熊猫头叼玫瑰.jpg】务必补句“具体改进方向您指点”，防止领导当真以为你要求婚。

终章：我们不是在斗图，是在重写职场语法

某日发现老板学会了用【奥特曼发光波.jpg】催进度，才惊觉这场战争没有输赢。

当70后学会在"收到"后面加，80后开始用"栓Q"代替"辛苦了"，90后把OKR塞进玲娜贝儿表情包——

所谓代际鸿沟，不过是一群怕掉队的人，在表情包垃圾话里练习相向而行。

（深夜补方案时瞥见老板给客户发【疯狂动物城闪电.jpg】，突然泪目——原来他也在学习我们的语言，用最笨拙的方式。）

金句收尾

"表情包是年轻人的摩斯密码，也是老职场的和解白旗，当青蛙头与大拇指同框时，赛博时代的巴别塔正在被Emoji重建。"

运用此咒语，公众号文章阅读量轻松破万并非难事。

咒语三：数据分析大挪移

面对数据就头晕？别怕，用这个"降维打击"咒语来解决。"假设你是一名华尔街的金融分析师，请用买菜大妈的思维解读这份销售数据，要包含：用土豆涨价比喻成本波动；用'周末超市抢购'解释流量高峰；三个提升业绩的接地气建议。"哪怕你连用 Excel 一键求和都不会，AI 也能把月报变成《菜市场经济

假设你是一名华尔街的金融分析师，请用买菜大妈的思维解读这份销售数据，要包含：用土豆涨价比喻成本波动；用"周末超市抢购"解释流量高峰；三个提升业绩的接地气建议。

已深度思考（用时 20 秒）

（拍拍围裙，抄起记账本）哎哟喂，这数据看得我血压都要上来了！就跟菜市场土豆价格似的，上个月进货成本忽高忽低的。（掏出圆珠笔戳报表）你们看这个月头两周的蓝线，活像土豆从1块5涨到2块又跌回1块8，害得咱们卖土豆炖牛肉的利润跟过山车似的，得赶紧找批发市场老刘头谈谈长期价！

再说这客流量啊，（指着红色柱状图直拍大腿）礼拜六礼拜天这人头涌得，跟超市鸡蛋特价日一个样！大伙儿都挤在下午2-4点来抢购，（翻到促销活动记录页）可不就是因为你们搞那个"满100送葱姜蒜"嘛！但平时冷清得跟菜场下雨天似的，得学学人家王大妈煎饼摊，每天早晨送免费豆浆养客源。

（掏出菜篮子往桌上一放）要我说提升业绩就三招实在的：第一，学我囤白菜那样囤爆款，旺季前三个月就跟冬储大白菜似的提前备货；第二，搞买排骨搭萝卜的套餐，就像鸡蛋买一送一让人多捎带；第三，收银台学菜市场张大姐，结账时塞把小香菜，保准下回大妈们还来你这儿唠嗑买菜！

学》。王阿姨就是凭借这招分析社区团购数据，成为小区“数据分析女神”。

咒语四：创意开光咒

当遇到创意枯竭时，这个“三合一”咒语能激发灵感。“现在进行头脑风暴，主题是（宠物用品创新），需要：五个突破常规的离谱点子（比如，狗用 VR 眼镜）；从中筛选三个可行性方案；根据最可行的方案写段抖音带货文案，要带‘绝绝子’‘暴风吸入’等网络流行语。”某大学生利用此咒语设计的“猫咪防拆家 GPS 项圈”在创业大赛中获奖，项圈上的 AI 语音包还能催促主人：“两脚兽你再不回家，罐头就归扫地机器人啦！”

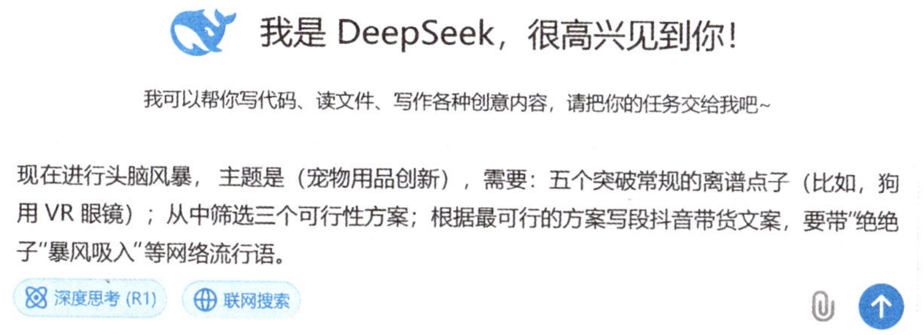

功能篇 解锁 AI 的七十二变

打工人必杀技：让它写周报的神操作

在现代职场，周报已成为员工工作成果的展示窗口，也是向上管理的重要手段。然而，周报撰写往往成为员工的心头之痛，甚至成为加班的紧箍咒。普通玩家复制上周内容，啰唆玩家憋出冗长废话，“开挂”玩家让 AI 代写却生成天书。如今，有了 DeepSeek，三分钟即可生成一份让老板目瞪口呆的周报。

DeepSeek 速成：职场新手的救星

DeepSeek 究竟是什么？想象你有个 24 小时待命的学霸同事，能把你“修了三天打印机”写成“主导跨部门硬件优化项目”，把“摸了四天鱼”包装成“深度调研行业竞品生态”。DeepSeek 能自动生成下周工作计划，连绩效指标都帮你设计好。启动“外挂”时，一定要勾选“深度思考（R1）”模式，这是让 AI 智商飙升的开关。忘记网上那些“请生成周报模板”的简单指令，跟我学高阶话术。

无中生有的艺术：从 0 到 1 的创造

本周什么正事都没干怎么办？输入指令：“假设你是福尔摩斯，通过以下线索推理出我本周的‘隐藏成就’……” AI 可能编出“通过与CTO的咖啡外交推动技术资源倾斜”“在会议中挖掘出潜在商机”“借设备故障推动IT部门流程优化”等神仙剧情。

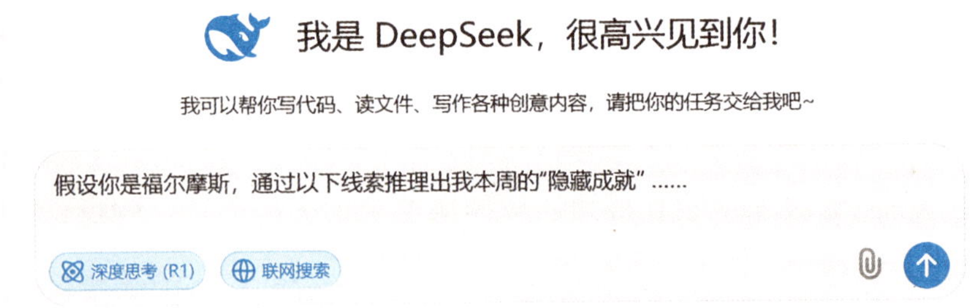

文青模式：从憋不出情书到实现日更网文大佬

在文字的海洋中，每一个热爱创作的人都有着自己的“憋字综合征”。这种感受就像是心中有千言万语，却不知从何说起；又如同面对心仪的对象时，舌头突然打了结。这并非疾病，而是大脑在创意表达上的短暂过载。科学研究表明，人类处理创意的区域与编写代码的区域相邻，这意味着当试图用文艺的语言风格写网文时，就如同让程序员跳芭蕾一般困难。

DeepSeek 这个 AI 工具就像大脑的外接显卡，专门负责处理“文字渲染”的繁重工作。接下来，我将逐步指导你如何利用 DeepSeek 从一个创作力薄弱者变成码字永动机。

第一，把 DeepSeek 当作你的“文字健身房私教”。无论是场景描写卡壳还是人物对话干瘪，DeepSeek 都能提供帮助。例如，输入“仙侠小说对决场景”，它会给你生成如“剑气如虹斩开云海，衣袂翻飞宛如谪仙”的画面描写，你只需稍作修改就能增添个人风格。对于人物对话，使用其对话生成器，输入“高傲大小姐训斥跟班”，瞬间得到十种不同版本的“毒舌”语录，效率远超传统学习方式。

第二，让 DeepSeek 成为你的“网文诸葛亮”。当你遇到剧情难题时，比如“男主掉下悬崖该怎么合理自救”，DeepSeek 能为你罗列多种解决方案，并提醒你选择最适合当前发布平台的选项。此外，它的润色功能可以将平淡无奇的句子变得生动有趣，让你的文笔从小学作文水平升级到文豪水平。

一、奇遇与逆袭的经典套路

1. **获得绝世秘籍/神器**

悬崖下方常藏有隐世高人的洞府、上古秘境或天材地宝。例如主角可能发现刻在岩壁上的武功秘籍 [1][4]，或吞服灵果（如“墨蜂王浆”[1]）、饮用寒潭水强化体质 [1][4]，甚至获得共生神剑等逆天道具 [1][4]，为后续崛起铺垫。

2. **血脉觉醒/封印破除**

坠崖时的生死危机可能激发主角隐藏的血脉或封印力量。例如《男配才是真绝色》中，慕清珏因坠崖觉醒血脉，破除封印 [6]；《万古神帝》主角林峰也在绝境中激活灵魂共生能力 [1]。

二、感情线与人物关系推进

1. **英雄救美或双向奔赴**

男主可能为救女配/女主主动跳崖（如《病娇让我二选一》中楚傲天追随女主跳崖 [2]），或女主为男主一同坠崖（如《男配才是真绝色》中苏白追随慕清珏跳下 [6]），通过生死相依的情节深化情感羁绊。

2. **误会与身份揭露**

坠崖可能成为身份反转的契机。例如《跳崖后全京城追悔莫及》中，谢澜安因坠崖重生，揭露女扮男装的真相并开启复仇 [3]；《快穿》中江叙跳崖实为洗白魔教形象，却引发主角攻误会其舍己救人 [7]。

三、生存与自救的极限操作

1. **物理自救与异能辅助**

主角可能利用真气缓冲下坠（如凌霄用真气减缓冲击并抓树枝逃生 [5]），或依赖系统金手指（如《超凡进化》男主转生成自动贩卖机 [2]），甚至通过现代知识制造工具（如呼叫直升机救援 [5]）。

2. **团队协作与绝境求生**

坠崖后常需与同伴协作脱困。例如凌霄与唐鳌配合缓冲落地 [5]，或沈逐风与江叙在坠崖时互相借力推送上崖 [7]，凸显人物智谋与默契。

四、剧情反转与世界观展开

1. **地图转换与势力洗牌**

悬崖下方可能连接隐藏地图（如异世界入口 [1][4]、兽世 [1] 或秘境），推动主角进入新势力范围，例如《穿越兽世》女主坠崖后开启兽世冒险 [1]。

2. **反派伏笔与阴谋揭露**

坠崖可能是反派设计的杀局（如《消失的她》原型泰国孕妇坠崖案 [2]），后续主角脱困后将逐步揭露幕后黑手，如谢澜安重生后反杀楚清鸢 [3]。

第三，掌握日更网文的秘密武器。设置每日选题闹钟，结合平台大数据推荐的热门题材；利用碎片时间生成剧情模板和名场面；开启“沉浸式写作”模式，让 DeepSeek 自动弹出符合你文风的情节建议。这些技巧将帮助你高效地完成日常更新任务。

第四，对于“文青癌”晚期患者，DeepSeek 也提供了康复方案。如果你总想写出《百年孤独》级别的开篇，可以尝试混搭出独特的开头；如果每章都要输出惊艳比喻，可以通过 AI 获取多种表达方式并进行个性化改造；而在深夜改文时，开启“夸夸模式”，让 AI 给予全方位的鼓励和支持。

针对网文签约设计“黄金三章”，以《百年孤独》式文风写开篇需要注意什么

引用 8 篇资料作为参考 >

已深度思考（用时22秒）

网文黄金三章创作指南：融合《百年孤独》文风的魔幻叙事法则

一、时空折叠术：用预言式开篇构建命运感

需在首段植入“未来锚点”，将主角命运与家族/世界的终极悬念绑定。例如：

> ”当林墨在第七次血月升起时被推入深渊祭坛，总会想起祖父临终前塞给他的青铜面具——那件让整个玄门世家覆灭的诅咒之物。”
> 通过 **”时间折叠+死亡预言”** 结构 [1,5]，将高潮事件前置形成认知黑洞（如《百年孤独》开篇的行刑队与冰块记忆），同时暗藏 **”身份矛盾”（青铜面具的诅咒与救赎）和 ”力量体系”**（血月与祭坛的关联）双重钩子 [3]。

二、魔幻意象与现实主义细节的共生

1. **日常物品异化法则**
   赋予普通物件超现实属性，如《百年孤独》的黄蝴蝶预言，可设计：

> ”母亲缝制的香囊总在深夜渗出朱砂，那些红色颗粒会在窗台上拼出卦象——直到她失踪那夜，香囊化作灰烬凝成’戊戌年忌’四字。”
> 通过 **”五感轰炸”（朱砂的触感、灰烬的气味）构建沉浸感 [1,6]，并用 ”规则系悬念”**（卦象与时间密码）替代直白设定 [3]。

2. **家族史诗的微观切口**
   以家族信物/身体异变为切入点：

> ”林家子嗣的左手掌心都有一道胎记，唯独林墨的印记在十八岁生日时裂开，爬出的不是血管而是青铜藤蔓。”
> 此处融合 **”血脉封印”（胎记象征）和 ”力量觉醒”（藤蔓实体化），通过 ”异常生理现象”** 替代传统系统提示 [7,8]。

第五，从新手到封神的路上，DeepSeek 是不可或缺的辅助工具。通过“碎片拼图法”实现首月达成日更万字的目标；利用“大数据选题 +AI 辅助创新”登上新人榜 TOP10；最终，DeepSeek 还能化身为 IP（Internet Protocol，知识产权）参谋，帮助你提取角色关系图、生成分集大纲，甚至预测哪个配角同人热度高，为续作埋下伏笔。

记住，DeepSeek 不是取代你的创造力，而是帮你把天马行空的想象快速落地的传送门。

码农快乐键：从删库到跑路的救世代码

在编程的世界里，有一句广为流传的自嘲："删库一时爽，跑路火葬场。"这句话生动地描绘了误操作带来的灾难性后果。无论是新手程序员小王不小心删除了客户订单表，还是运维工程师老张因疏忽导致全表数据被覆盖，抑或是实习生小李在服务器上错误地修改了系统权限，这些看似普通的失误都可能引发严重的问题。而这些问题背后都有一个共同点——缺乏安全防护意识与工具支持。

DeepSeek 的核心功能

DeepSeek 不仅是一个传统的代码编辑器，更是一个集代码审查、风险预警和智能修复于一体的高级 AI 助手。通过深入分析代码逻辑、识别潜在危险操作并模拟执行结果，DeepSeek 可以帮助开发者提前规避风险。

危险指令拦截

DeepSeek 能够自动检测诸如"DROP""DELETE""rm"等"高危"命令，并在执行前弹出警示框。例如，当输入"DELETE FROM user"; 时，DeepSeek 会提示："检测到无条件的 DELETE 语句，建议添加 WHERE 条件或启用事务回滚。"

深度思考

执行 DELETE FROM user 语句会删除数据库表 user 中的所有数据，但操作需谨慎。以下是关键注意事项和替代方案：

一、DELETE 语句特性

1. **全表数据删除**

   不加 WHERE 条件时，会删除表中所有记录，**但保留表结构和索引** 1 2 5 。

2. **事务与回滚**

   支持事务操作，可通过 ROLLBACK 撤销删除（需在事务内执行） 2 12 。删除操作会记录日志，数据恢复相对容易，但可能影响性能 4 。

3. **性能问题**

   大表删除时，可能因日志记录和锁表导致性能下降。建议分批操作：

代码逻辑预演

在执行 SQL 或 Shell 脚本之前，DeepSeek 可以模拟其执行效果，生成影响范围报告。比如，对于“UPDATE product SET price = price * 0.9”；这样的语句，DeepSeek 会反馈：“检测到无条件的 UPDATE 语句，影响全部 100 万条商品数据。建议添加 WHERE category_id=3 限定品类，或先在测试环境执行。”

深度思考

您提供的 SQL 语句 UPDATE product SET price = price * 0.9 会将表中所有记录的 price 字段值降低 10%。以下是使用注意事项和优化建议：

一、关键风险提示

1. **无条件更新全表数据**

   此语句未添加 WHERE 子句，会导致 **所有产品价格被批量修改**，可能造成数据异常。建议通过 WHERE 限定更新范围，例如：

智能备份方案

根据不同的项目类型（如 MySQL、MongoDB），DeepSeek 能自动生成备份脚本，并推荐合适的执行频率。同时，它还提供一键回滚指令，以便在误删数据的情况下快速恢复到指定版本。

使用 DeepSeek 构建安全防线

安装与基础配置

首先，访问 DeepSeek 官网下载客户端（支持 Windows、macOS 和 Linux 系统），5 分钟内即可完成部署。其次，关联数据库和服务器 SSH 密钥，确保 DeepSeek 能够监控关键操作。请放心，DeepSeek 不会存储任何敏感信息。

三、注意事项

备份数据：执行前建议备份表（`CREATE TABLE product_backup AS SELECT * FROM product;`）1。

浮点数精度：若涉及小数计算，可使用 `ROUND()` 函数避免精度问题，如 `ROUND(price * 0.9, 2)` 4。

索引优化：确保 `WHERE` 条件字段已建立索引，以提升更新效率。

高危操作监控

在 DeepSeek 设置中勾选需要监控的行为，如数据库中的 DROP TABLE、TRUNCATE，服务器上的 rm-rf、chmod 权限修改，以及代码仓库中的强制推送（gitpush-f）。根据需求选择响应策略，可以是“拦截并须二次确认”或“仅记录日志”。

模拟测试与修复建议

提交一段待执行的脚本，DeepSeek 将进行分析并给出相应的建议。例如，对于上述提到的打九折脚本，DeepSeek 会提醒潜在的风险并提供改进方案。

自动备份与回滚

通过 DeepSeek，可以轻松设置每日备份计划，并保留最近七天的备份文件。此外，还可以生成事故报告框架，便于事后复盘。

DeepSeek 进阶技巧

除基本功能外，DeepSeek 还提供了一些高级特性，帮助用户从“救火”转变为“防火”。

代码审查自动化：在提交代码前，使用 DeepSeek 扫描潜在的漏洞，如“SQL 注入”“竞态条件”等。

灾难恢复演练：利用 DeepSeek 进行灾难恢复演练，了解如何在紧急情况下快速切换至备用节点。

团队协作安全规范：借助 DeepSeek 生成《数据库操作守则》，确保团队成员遵守相同的安全标准。

程序员自救指南

即使有了 DeepSeek 的保护，仍然需要掌握一些基本的自救技能。当事故发生时，应立即停止服务以遏制错误的蔓延，并通过“SHOW PROCESSLIST”找到正在执行的高风险查询并终止它们。此外，还可以利用备份还原、日志回放等方式迅速恢复数据。最后，记得用 DeepSeek 生成事故报告框架，总结经验教训。

通过引入 DeepSeek 这一强大的 AI 助手，我们可以有效避免因人为错误而导致的数据丢失和服务中断问题。记住：真正的技术自由来自对风险的正确认识与有效管理。

私人百科全书：从天文地理到火箭公式

在信息爆炸的时代，知识的获取变得越来越便捷。想象一下，当你在与朋友聊天儿时遇到诸如“为什么月亮总是一面朝着地球”这样的问题，对方一时语塞，而你却能迅速掏出手机，通过 DeepSeek 在短短三秒内得到答案，并以独特的方式回应，这无疑会让你成为众人瞩目的焦点。

> 深度思考　　朗读　改写　复制　下载
>
> 月球始终以同一面朝向地球的现象被称为“潮汐锁定”，其核心机制是地球与月球之间的引力相互作用导致的自转与公转周期同步。以下是具体原因的分点解释：
>
> **一、同步自转与公转周期相等**
>
> 月球绕地球公转一周的时间（27.32天）与其自转周期完全相同 [1] [2] [7]。这种同步性使得月球在绕地球运行的过程中，其自转速度刚好抵消了公转带来的视角变化，导致地球观测者只能看到同一半球。

这本“私人百科全书”，并非传统意义上厚重冗长的书籍，而是借助 DeepSeek 这一强大的工具，以最轻松、便捷的方式，将宇宙奥秘、地球冷知识以及火箭公式等知识化为你的“社交货币”。比如，你可以了解到太阳是个“煤气灶”（通过核聚变发光发热），地球像个“夹心饼干”（地壳 + 地幔 + 液态外核 + 固态内核），火箭发射的本质是“疯狂减肥”（靠甩掉燃料减重加速）。

宇宙的起源可以想象成一块发面馒头。138 亿年前，它还只是一个芝麻大小的面团（奇点），随后突然膨胀，如今已成为直径 930 亿光年的巨无霸。我们询问 DeepSeek：“宇宙膨胀会像吹气球一样爆炸吗？”它会告诉我们：“目前看来不会，因为暗能量在踩油门，但科学家还在讨论这个问题。”

宇宙膨胀与气球爆炸的本质差异

1. 膨胀机制的本质不同

气球的爆炸源于内部气压突破表面张力极限的 **机械性破裂**，而宇宙膨胀是 **空间本身的几何扩展**。

- 气球膨胀需要外部气体注入并存在物理边界，而宇宙是 **“无中生有”的时空扩展**，没有外部空间承载 2 8 。暗能量作为主导宇宙加速膨胀的斥力（占比约68.3%），推动空间本身持续拉伸，而非物质在固定空间中移动 3 6 。
- 宇宙的膨胀速率由哈勃常数决定，在可观测宇宙边缘（约465亿光年）甚至超过光速的3倍 3 ，但这种速度是空间扩展的结果，不违反相对论 7 。

2. 宇宙的终极命运：更接近“撕裂”而非“爆炸”

目前科学界对宇宙结局的主流假说中，与“爆炸”最接近的是 **大撕裂理论**（Big Rip）：

- 若暗能量密度持续增强，宇宙膨胀将加速到 **撕裂所有结构**（星系→恒星→原子→基本粒子），最终归于量子涨落状态 3 5 。此过程是渐进式瓦解，而非瞬间爆炸。
- 对比气球爆炸的 **瞬时性**，大撕裂需数百亿年完成，且没有“爆炸中心”或“碎片飞溅”现象 5 9 。

3. 气球类比的局限性

科学界常用气球表面斑点远离比喻宇宙膨胀，但这一模型存在 **三维与二维的维度错位**：

- 气球是 **二维曲面扩展**，且有明确中心与外部空间；而宇宙是 **三维空间全域膨胀**，无中心也无“外部” 8 9 。诺贝尔奖得主布莱恩·施密特提出，宇宙更应类比为 **四维超球体的表面膨胀**，但这一抽象模型难以直观理解 9 。
- 气球爆炸后物质散入外部空间，而宇宙若发生大撕裂，撕裂的是 **时空本身**，不存在“散入虚空”的概念 2 5 。

4. 历史上的“宇宙爆炸”误解

部分理论将 **宇宙大爆炸**（Big Bang）与气球爆炸混淆，实则二者性质迥异：

- 大爆炸是 **时空与能量的创生事件**，奇点“爆炸”实为 **能量转化为时空和物质的过程**，而非传统爆炸 4 7 。
- 当前宇宙膨胀是大爆炸的后续演化阶段，而非爆炸的直接延续 1 3 。

总结

宇宙膨胀不会像气球爆炸，因其本质是 **时空的几何扩展**，且可能的终极命运（如大撕裂）是渐进式结构瓦解。气球模型仅作为帮助理解的 **低维类比**，实际机制需结合暗能量、高维时空等理论才能完整阐释 3 8 9 。

星系分类：宇宙的“动物园”

螺旋星系：就像奶油搅进咖啡形成的旋涡，如我们所熟知的银河系。

椭圆星系：好似退休老干部般淡定的圆球。

不规则星系：仿佛喝醉的毕加索画的抽象画。通过 DeepSeek 搜索“星系合并”，我们会发现它们就像宇宙版的变形金刚，两个星系相撞后，经过数十亿年会变成新的形态。

关于太阳系的10个冷知识

1. 金星下“硫酸雨”却永不落地

金星表面温度高达462°C，大气层中漂浮着由浓硫酸组成的云层。这些硫酸液滴在距离地表25公里高空时就被高温蒸发成气体，因此“酸雨”永远无法触及地面 [1] [4] 。

2. 土星每年下1000吨钻石雨

土星大气中的甲烷在闪电和高温作用下分解出碳原子，形成石墨后因高压结晶为钻石。科学家估算，每年约有1000吨钻石如雨般坠落土星表面，部分直径超过1厘米 [1] 。

3. 木卫三冰层下藏太阳系最大海洋

木卫三（盖尼米德）的冰层下存在深度达10万米的液态海洋，水量是地球的30倍以上。它不仅是太阳系最大的海洋，还可能是地外生命的潜在栖息地 [3] 。

4. 太阳光需要15万年才能“逃出”太阳

太阳核心产生的光子需经历无数次碰撞与吸收，耗时约15万年才能抵达太阳表面。而从太阳表面到地球仅需8分钟 [4] 。

太阳系冷知识

水星：堪称宇宙“烫脚选手”，白天温度高达 430 摄氏度，晚上则降至零下 180 摄氏度。

土星：是能浮在水上的“气态行星”，其密度比水低。

冥王星：这个曾经被视为行星的星球，如今已被开除“行星籍”。

试着问 DeepSeek："如果我去火星买房要注意什么？"答案可能是："先买氧气罐，再准备防辐射服，月供？不，是'火供'！"

地球结构：夹心饼干的秘密

地壳：比蛋壳还脆，平均厚度仅为 17 千米。

地幔：犹如巧克力岩浆层，温度高达 1300℃。

地核：相当于 1.6 个月球大小的铁镍丸子。通过 DeepSeek 搜索"地球磁场"，我们会发现地核就像个发电机，液态外核的电流运动让我们免遭太阳风"毁容"。

板块运动：地表"吃鸡游戏"

六大板块天天上演着"推推乐"：

碰撞型：印度板块与亚欧板块碰撞，使得喜马拉雅山不断"长高"。

分手型：东非大裂谷是非洲大陆想"分家"的证据。

摩擦型：日本经常发生地震是因为太平洋板块与亚欧板块不断碰撞。问 DeepSeek："预测下加州什么时候掉进海里？"它会严谨又调皮地回答："按目前速度，旧金山和洛杉矶 2500 万年后会变成邻居——如果人类还在的话。"

地理现象冷知识

撒哈拉沙漠：1 万年前曾是热带草原，犀牛满地跑。

夏威夷群岛：其实是火山喷发的"烟灰堆"。

百慕大三角：90% 神秘事件是保险公司炒作的结果。

以下是关于地理现象的**10个冷知识**，涵盖自然奇观与人类活动中的独特现象：

一、赤道附近的“寒带生物”

在赤道附近的加拉帕戈斯群岛，由于秘鲁寒流的影响，竟生活着适应寒冷环境的企鹅。这种寒流带来的低温环境，让热带海域也能成为企鹅的栖息地 3 。

二、沙漠中的“冰雪奇缘”

撒哈拉沙漠北部偶现降雪，如阿尔及利亚沙漠曾被白雪覆盖，形成罕见的“沙漠雪景”。这种极端天气源于冬季冷空气南下与沙漠高温形成的强烈温差 3 10 。

三、刚果河的“水下悬崖”

刚果河平均深度超220米，部分河段甚至深达220米，堪比海洋深度。其入海口处因水流冲刷形成海底裂谷，撕裂大西洋海床 3 1 。

四、太平洋的“垃圾岛”

北太平洋因洋流漩涡聚集了约160万平方公里的塑料垃圾，相当于3个法国面积。垃圾带中70%的废物沉入海底，威胁海洋生态 8 。

五、瑞士的“隐形时区王国”

法国虽本土面积小，但因海外属地跨越12个时区，成为全球时区最多的国家，远超俄罗斯的11个时区 10 。

六、南极的“超级沙漠”

南极洲的南极沙漠是世界最大沙漠，面积达1400万平方公里，远超撒哈拉。其干燥程度因极寒气候导致降水极少 7 。

实战篇 打工人的福报场景

早下班秘籍：让它做 Excel 界的顶尖工具

在当今数字化办公的时代，Excel 已成为职场人士不可或缺的工具。然而，对于许多职场新人来说，Excel 的操作往往令人头疼不已，面对复杂的表格和繁多的函数，常常感到无从下手，加班熬夜做表更是家常便饭。不过，现在 DeepSeek 正逐渐成为打工人的“终极救赎”（需要接入 API）。

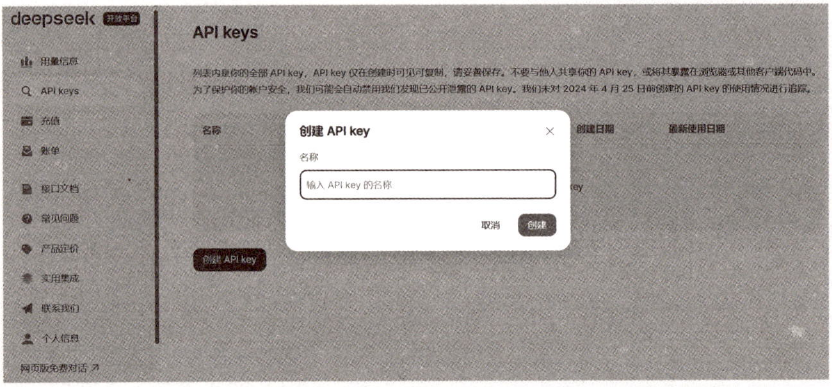

作为职场新人，想必大家都经历过这样的场景：对着密密麻麻的表格，手指在键盘上敲到抽筋；为了写出一个 VLOOKUP 函数，翻遍教程却依旧一头雾水；领导要求“5 分钟分析好销售数据”，自己却卡在公式报错上，急得像热锅上的蚂蚁。别慌！DeepSeek 这款高效工具，将彻底改变你的 Excel 使用体验，原本需要熬夜加班才能完成的 Excel 操作，你将轻松“一键通关”。它宛如一个 24 小时在线的 Excel 私教，不仅能精准理解你的需求，还能自动生成公式、清洗数据，甚至编写代码。而且，它完全免费，即便是 Excel 新手也能迅速上手。

初次使用 DeepSeek，参照以下做法，就能在 3 分钟内搞定 Excel 基础操作。在电脑端，你可以直接访问 DeepSeek 官网或者安装 Office 插件（具体操作指南详见官网说明），登录后即可使用；在手机端，下载相应的 App，支持上传表格并向它提问，例如“帮我统计 A 列销售额总和”。当你像聊天一样提出需求时，要注意尽量具体明确。错误示范“怎么用 Excel”这种模糊的提问是不可取的，而正确用法应该是“用 SUMIFS 函数计算华东区 2023 年 Q4（第四季度）的销售额，条件区域是 A 列和 B 列，求和区域是 C 列”。此时，DeepSeek 会直接生成公式“=SUMIFS（C:C，A:A，" 华东区 "，B:B，"2023−Q4"）”，并详细解释每个参数的含义。若结果不符合预期，你还可以通过追问来解决问题，比如：“为什么计算结果少了 3 行数据？” DeepSeek 会检查数据格式或条件逻辑，帮你精准定位问题所在。

DeepSeek 拥有四大核心功能，让 Excel 真正实现“自己‘打工’”。一是公式生成器，帮助你告别函数恐惧症。例如，你需要根据“产品编号”查找对应的“库存数量”，但却记不住

VLOOKUP 语法，此时只需上传表格，输入“根据 G2 单元格的编号，在 A 到 D 列查找对应的库存数”，DeepSeek 就会生成“=VLOOKUP（G2，A:D，4，FALSE）”，并贴心提示“注意编号必须精确匹配”。二是数据清洗功能，能在短时间内搞定脏数据。比如日期显示错乱的问题（如“2023–2–30”），选中相应列后点击“数据清洗”，选择“日期标准化”，即可自动修复错误，将“2023–2–30”改为“2023–02–28”等。三是自动化脚本，像月报生成器就非常实用。如果你每月都需要根据原始数据生成带图表的 PDF 报告，只需下达指令“读取‘销售数据表’，按客户分类汇总本月销售额，筛选前 10 名并计算环比增长率，输出 PDF 文件到 D 盘”，DeepSeek 就能自动生成 VBA 代码，并且还可以设置定时任务。四是智能分析功能，让你秒变数据专家。例如上传全年销售数据后，输入“分析各区域季度趋势，用组合图表展示”，DeepSeek 会自动推荐数据透视逻辑（行：区域 / 季度，值：销售额），并生成带切片器的动态仪表盘。

操作示例

假设数据结构如下：

A 列（编号）	B 列（名称）	C 列（规格）	D 列（库存）
001	商品A	大号	50

在目标单元格输入公式：

```
=VLOOKUP(G2, A:D, 4, 0)
```

当 G2 输入“001”时，返回 D 列的库存值“50” 6 11。

如果需要更复杂的多条件查询（如同时匹配编号和日期），可结合 `MATCH`、`INDEX` **或** `SUMIFS` **函数扩展功能** 5 8。

在使用 DeepSeek 的过程中，初阶用户可能会遇到一些常见问题。比如，担心数据泄露问题，其实在本地处理模式下数据是不会上传的，云端分析时也会采用加密传输，完全可以放心使用。如果遇到公式报错的情况，点击报错单元格并使用“错误诊断”功能，AI 就能定位原因，像“#N/A 错误：查找值超出范围”这样的问题都能轻松解决。为了提高提问效率，可以遵循“身份 + 任务 + 细节 + 格式”的万能公式，例如“作为销售助理，请用 SUMIFS 函数统计北京地区 Q3（第三季度）笔记本销量，用蓝色高亮显示 TOP3”。

下面通过一个实战演练案例，来看看如何借助 DeepSeek 从入门到精通完成一个全流程任务。假设要分析 5000 条订单数据，并在 20 分钟内完成数据清洗、区域排名和报告输出。首先进行数据清洗，利用 DeepSeek 一键标准化日期格式、剔除重复值。其次进行区域排名，输入“按区域汇总销售额，降序排列前 5 名”，即可生成透视表。再次进行爆款分析，提问“哪些产品销售额同比增长超过 50%？用折线图展示趋势”。最后自动生成带结论的 Word 文档，并导出 PDF 文件。

总之，DeepSeek 的本质并非取代人类，而是帮助我们从重复烦琐的劳动中解放出来。在你熟练掌握“AI+Excel”的黄金组合后，曾经需要加班两小时才能完成的任务，如今可能只需喝一杯咖啡的时间。记住，职场中真正的胜者不是那些熬夜做表的人，而是能够高效利用工具、第一个下班享受生活的人。让我们合理利用 DeepSeek 这款强大的工具，提高工作效率，回归正常的生活节奏。

副业启动器：小红书爆款文案流水线

在当今 AI 时代，利用先进的工具开展副业成为许多人的选择。2025 年的副业市场竞争激烈，对于新手而言，不会运用 AI 工具就如同拿着竹竿参加现代战争，难以取得优势。而 DeepSeek 作为国产 AI 工具中的佼佼者，已助力超 50 万创作者实现“文案自由”。其显著优势在于理解中文语境的精准度高达 92.3%，对小红书爆款元素识别准确率超出行业平均水平 30%。接下来，我们将通过五步流水线作业，达成“输入需求→输出成品”的工业化内容生产模式。

流水线搭建基础课（设备调试篇）

首先是账号设置避坑指南。注册时建议使用 4G 或 5G 网络（非 Wi-Fi），以此避免关联风险。个人简介应避免出现“代运营”等敏感词，可参考“生活记录者”“好物体验官”等中性表述。头像选择真人形象或高辨识度插画，切勿截取网图。

其次，DeepSeek 初始化设置也至关重要。打开软件后务必勾选“深度思考（R1）+ 联网搜索”模式，这相当于给 AI 装上雷达和百科全书。同时建议在本地创建“美妆家居”“知识付费”等分类文件夹，便于后期素材管理。

五步爆款生成法（含实操案例）

步骤一：需求拆解说明书。输入格式示范：产品类型 + 核心卖点 + 目标人群 + 风格要求。例如，错误示范："帮我写个面霜文案"，正确指令："生成推广抗敏面霜的小红书文案，突出专利积雪草成分，面向 25 ~ 35 岁敏感肌女性，要求口语化并带 3 ~ 5 个表情，规避医学术语。"

🌿 **「救命！这面霜把敏感肌整明白了」**

姐妹们！！换季脸子又又又作妖？
泛红/刺痛/爆皮三件套轮流上阵...
直到挖到这个 **积雪草亲妈面霜** 👇

🔍 **为啥锁死它？**
✅ **🌿专利积雪草Pro**（不是普通款！）
——实验室闺蜜说这成分拿了证，能把泛红因子按头安抚！
✅ **💧72小时焊死保湿**
空调房吹一天都不带紧绷，干敏皮直接哭出声！
✅ **🧸💡懒人福音**
冰淇淋质地秒吸收，后续上妆不搓泥（社畜早八续命靠它了）

💬 **本人实测**
上次刷A翻车烂脸，厚涂它睡了一晚！
第二天脸居然没！作！妖！
（红血丝肉眼可见变淡谁懂啊😱）

⚠️ **敏感肌黑话指南**
"脸皮薄别作死👉选它"
"一罐搞定：褪红+修护+保湿"
"烂脸期精简护肤，用它当盾牌🛡️"

步骤二：标题打磨三板斧。使用"关键词前置 + 痛点（或利益点）+ 悬念符号"公式。例如，痛点型："换季泛红警告！这罐面霜让敏感肌学会自救"；对比型："从烂脸到素颜出门，我押对了这瓶国货面霜”；背书型：“三甲医院皮肤科医生私下推荐的急救神器（附成分表）”。

步骤三：正文结构模板。参考黄金三段式：①场景痛点：“上周出差住酒店，空调房＋新床品让我整夜抓脸……”②产品体验：“厚敷这罐面霜5分钟后，刺痛感居然消失了！”③专业背书：“查成分表发现添加了2%积雪草提取物，难怪……”注意每100字插入一个表情符号，避免视觉疲劳。

步骤四：图片关键词投喂。向DeepSeek输入：“生成小红书风格的产品场景图描述：早晨，梳妆台上摆放着面霜，阳光透过纱帘照射在瓶身，搭配手写成分标签和绿植背景”。你将获得4～6条场景描述，可直接用于AI绘图工具。

深度思考　　朗读　改写　复制　下载

以下是根据小红书风格优化的产品场景图描述，结合自然清新与实用美学设计：

场景亮点拆解

1. **光影氛围感**
   晨光透过北欧白纱帘形成柔光滤镜，人字纹纱帘透光不透人特性 [11] 让瓶身折射出细碎光斑，搭配奶油色梳妆台哑光质感 [6]，营造ins风低饱和度氛围。
2. **手写标签设计**
   采用活页本边框式手写便签 [3]，使用莫兰迪色系记号笔标注「神经酰胺」「透明质酸」等成分关键词，标签边缘做撕纸毛边处理，与亚克力材质面霜瓶形成材质碰撞 [5]。
3. **绿植背景构建**
   背景布置龟背竹、尤加利叶等阔叶植物，参考电商场景中绿植静态组合 [16]，叶片局部虚化处理突出景深，叶脉纹理与纱帘人字纹形成几何呼应 [11]。

步骤五：合规化精修。删除绝对化用语，如“修复所有肌肤问题”改为“缓解泛红刺痒”；添加免责声明：“个人体验仅供参考，严重症状请及时就医”；植入互动话术：“姐妹们还有哪些抗敏妙招儿？评论区蹲经验”。

效率倍增秘籍

建立素材库方面，用 DeepSeek 批量生成 100 个标题并存档，建立“春季护肤”“职场穿搭”等场景化词库。个性化调教上，输入 10 篇对标账号现象传播内容，训练 AI 学习特定文风。多平台复用时，调整文案结构后同步分发抖音、公众号，实现单条内容三次变现。

风险防控指南

每周检查违禁词（设置→安全筛查）。重要数据手动备份，防止系统误判。

案例展示：某宝妈运用此模型运营 3 个家居账号，单月最高佣金达 2.7 万元，内容传播效能显著提升。

记住，AI 不是替代创造，而是放大创意的杠杆。建议每天利用 1 小时进行人工润色，在文案中注入真实生活细节，让机器生产的文字拥有人的温度。

留学党外挂：24 小时雅思写作教练

在留学备考的征途中，雅思写作宛如一座难以逾越的高峰，横亘在无数考生面前。今天，就让我们一同揭开这款能助力考生突破写作瓶颈的“秘密武器”——DeepSeek 的神秘面纱。

写作新手的三大噩梦

深夜两点，万籁俱寂，唯有小明的房间里还透着微弱的灯光。电脑屏幕的冷光映照在他略显疲惫的脸上，那已经是他第十次删掉了作文开头。“Environmental pollution has become a

写作一篇关于“Environmental pollution has become a serious problem”的雅思范文

引用 11 篇资料作为参考 >

已深度思考（用时18秒）

雅思范文：Environmental Pollution as a Critical Global Challenge

Introduction

Environmental pollution has escalated into one of the most pressing crises of the 21st century, threatening ecosystems, human health, and global sustainability 4 9 . While industrialization and urbanization have driven economic growth, they have simultaneously unleashed unprecedented levels of air, water, and soil contamination. This essay will analyze the root causes of pollution, evaluate its consequences, and propose actionable solutions involving individuals, governments, and international cooperation.

Causes of Environmental Pollution

1. **Industrialization and Fossil Fuel Dependency**
   The combustion of fossil fuels for energy production releases massive amounts of greenhouse gases (e.g., CO_2, methane) and particulate matter into the atmosphere, contributing to climate change and

serious problem."（环境污染成为一个严重的问题。）这句子就像过期的面包，不仅硬得硌牙，而且毫无营养可言。雅思写作，这个磨人精，让多少考生在深夜里默默怀疑人生。

对于初涉写作的考生来说，“思路堵塞综合征”是常见的困局之一。面对“是否应该限制私家车上路”这类看似简单却暗藏玄机的题目，大脑常常像被格式化了一样，一片空白。这时候，要是身边能有个智囊团随时待命，为其拨开迷雾，该是多么惬意的事情。

以下是关于"是否应该限制私家车上路"的雅思范文，采用四段式结构，包含正反论点及平衡分析：

Should Private Car Usage Be Restricted?
（约280词）

The exponential growth of private vehicles has sparked intense debate globally. While some argue that car restrictions would alleviate urban problems, others defend private cars as indispensable to modern life. This essay will examine both perspectives before presenting a balanced conclusion.

Proponents of restrictions emphasize environmental and social benefits. Firstly, private cars account for 40-60% of urban air pollution in major cities [14], releasing particulate matter and nitrogen oxides that cause respiratory diseases. Beijing's "red alert" smog episodes demonstrate how unchecked vehicle emissions endanger public health. Secondly, traffic congestion caused by excessive cars wastes 3.3 billion working hours annually in China alone [9], reducing economic productivity. For example, Shanghai's average commuting speed dropped from 30 km/h to 15 km/h in the past decade due to traffic jams. Lastly, prioritizing public transport could reduce energy consumption, as buses carry 50 passengers with fuel consumption equivalent to 3 private cars [5]。

“语法黑洞综合征”也令许多考生谈之色变。每一个句子都仿佛是在雷区跳舞，考生稍不留意就可能踩到“地雷”。就像“affect”和“effect”这对让人头疼的双胞胎，总是让人分不清彼此，在实际运用中错误百出。大部分 6 分以下的作文都栽在了基础语法错误上，这无疑是一个亟待解决的痛点。

而“中式英语后遗症”更是如影随形。许多考生尽管有着 8000 词汇量，可写出来的句子却还是像翻译软件的作品，“Good

good study，day day up”式的翻译腔挥之不去，严重拉低了文章的质量。

补充说明：

1. **中式英语的演变**

   虽然"Good good study, day day up"是典型的中式直译，但因其传播广泛，部分表达（如"day day up"）已被收录进《牛津大辞典》，甚至出现在国际活动（如2014年青奥会）的候选口号中 7 4。**类似"Long time no see"（好久不见）的中式英语也已被英语母语者接受** 7。

2. **使用场景建议**

   正式场合（如考试、文书）优先使用标准翻译：Study hard and make progress every day 或 Work hard and improve daily 2 15；

   非正式口语中，若需体现幽默感或文化特色，可酌情使用"day day up"这类中式英语，但需向对方解释其背景 7 13。

其他类似表达：

Study well and keep improving（学以致用，持续进步）

Strive for excellence every day（每日追求卓越） 15

DeepSeek 的三大外挂模式

DeepSeek 这个 AI 教练，宛如一个装在口袋里的写作实验室，能够 24 小时为考生提供精准的指导。只需登录界面，按照以下三步操作，即可开启写作提升之旅。

题目解析模式

当输入“是否应该限制私家车上路”这一题目时，AI 会迅速生成一张思维导图，从多个维度为我们剖析题目。例如，在环保维度，会自动附上 CO2 减排数据，并给出伦敦交通拥堵费案例作为参考；经济维度则会呈现汽车产业就业率影响，内置德国汽车工业报告摘要；民生维度也毫不含糊，附带新加坡公共交通系统建设时间轴，为考生提供全面且深入的思考方向。

一、问题核心
└─ 城市交通治理与公民出行权的平衡
├─ 城市承载力极限
└─ 个人出行自由需求

二、支持限制的理由
├─ 环境效益
│ ├─ 减少尾气排放（PM2.5下降案例）
│ └─ 助力碳中和目标
├─ 交通效率
│ ├─ 缓解早晚高峰拥堵（北京/上海数据）
│ └─ 提升公共交通准点率
├─ 公共安全
│ ├─ 降低交通事故率（交管部门统计）
│ └─ 优化应急通道通畅
└─ 城市空间重构
├─ 释放更多步行/骑行空间
└─ 推动15分钟生活圈建设

三、反对限制的考量
├─ 经济影响
│ ├─ 汽车产业链受损（制造业/服务业）
│ └─ 出行成本转嫁（网约车溢价）
├─ 民生问题
│ ├─ 特殊群体出行障碍（孕妇/残障人士）
│ └─ 多孩家庭通学不便
├─ 执法难度
│ ├─ 特权车辆监管漏洞
│ └─ 限行区域边界争议
└─ 替代方案不足
├─ 公共交通覆盖率缺口（三四线城市）
└─ 接驳系统不完善

```
四、国际经验对比
├─ 伦敦拥堵费政策（2003-2023效果评估）
├─ 新加坡拥车证制度（COE竞拍机制）
└─ 米兰污染管控区（Area C运行模式）

五、技术解决方案
├─ 智能交通系统
│ ├─ 动态限行（杭州"错峰限行"升级版）
│ └─ 车路协同优化
├─ 新能源车激励
│ ├─ 充电基础设施配套
│ └─ 电池回收体系
  └─ MaaS出行即服务
  ├─ 一体化出行平台（高德/百度实践）
  └─ 分时租赁补充

  六、实施路径建议
  ├─ 分阶段推进
  │ ├─ 重点区域试点（学校/医院周边）
  │ └─ 节假日弹性管理
  ├─ 政策组合拳
  │ ├─ 限行+公交补贴+停车费联动
  │ └─ 电子通行证系统
  └─ 公众参与机制
  ├─ 交通听证会常态化
  └─ 大数据民意调查

  七、关键指标评估体系
  ├─ 空气质量指数（AQI）变化
  ├─ 公共交通分担率提升幅度
  ├─ 道路平均车速监测
  └─ 市民满意度跟踪调查
```

素材宝库模式

输入关键词“renewable energy（可再生能源）”，瞬间就会弹出丰富的资源。其中包含10组学术短语，如“carbon neutrality（碳中和）”等专业表达；5个权威数据源，并附带国际能源署最新报告链接，确保数据的时效性和可靠性；还有3个经典案例模板，以丹麦风电项目深度解析为例，为考生提供生动具体的参考范例。

考官视角模式

点击“模拟评分”，AI会从四个维度出具诊断报告。任务回应方面，能精确到段落偏离度百分比，让考生清楚知晓论点是否扣题；逻辑结构上，会对衔接词使用频次进行分析，使文章的连贯性增强；词汇丰富度通过重复词自动统计和替换建议得以优化；语法精度则对错误类型进行分类统计，全面评估考生的语法水平。

实战演练手册

以7分范文《城市化利弊》为例，看看如何借助DeepSeek三步成文。

头脑风暴

输入“urbanization advantages and disadvantages（城市化的优势和弊端）”，便能获取丰富的信息。正方案例中有东京都市圈GDP贡献率数据包，展现城市化带来的经济红利；反方证据则包括墨西哥城贫民窟调查报告，揭示城市化可能引发的社会问题；平衡视角与智慧城市发展评估框架，引导考生全面看待这一现象。

Urbanization: A Double-Edged Sword

Urbanization, the process of population concentration in cities, has been a defining feature of modern development. While it drives economic growth and innovation, it also poses significant social and environmental challenges. This essay examines both perspectives, drawing on the contrasting examples of Tokyo's economic success and Mexico City's struggles with urban poverty.

Advantages of Urbanization: Economic Prosperity and Efficiency

Proponents of urbanization highlight its role in fostering economic productivity. A prime example is the Tokyo Metropolitan Area, Japan's economic powerhouse. Comprising Tokyo and three neighboring prefectures, this region accounts for 3.5% of Japan's land area but contributes 33.1% of its GDP, demonstrating unparalleled economic density [15]. In 2022, the GDP of Tokyo's core administrative area reached $827 billion, surpassing many nations' economies [13]. This concentration of industries, from finance to technology, creates a multiplier effect, generating employment and attracting global talent. The region's efficient land use—93.5% of central Tokyo's land is developed—exemplifies how urbanization can maximize resource utilization [15]. Furthermore, Tokyo's integration of residential and commercial zones reduces commuting times and supports sustainable urban living, contrasting with sprawl seen in less planned cities.

Disadvantages of Urbanization: Inequality and Social Fragmentation

However, rapid urbanization often exacerbates inequality, as seen in Mexico City. Despite Mexico's status as an upper-middle-income country, 20% of its urban population resides in slums, characterized by overcrowding, inadequate sanitation, and rampant crime [12] [18]. The Neza-Chalco-Ixta slum, home to over 4 million people, epitomizes the consequences of unplanned urbanization. Here, informal settlements lack basic infrastructure, and residents face systemic exclusion from education and healthcare [4] [16]. This crisis stems from "over-urbanization," where urban growth outpaces industrialization. Between 1950 and 1980, Mexico's urbanization rate surged from 36% to 68%, yet GDP per capita grew only marginally, leaving millions trapped in poverty [12] [18]. The resulting social divide is stark: affluent neighborhoods with guarded apartments coexist with sprawling slums, perpetuating cycles of marginalization.

Balancing Progress and Equity

The contrast between Tokyo and Mexico City underscores the importance of balanced urban policies. Tokyo's success relies on meticulous planning, high-density development, and robust public transport, ensuring economic benefits are widely shared [15]. Conversely, Mexico City's experience reveals the dangers of prioritizing expansion over equity. Its historical focus on industrial growth, without addressing rural displacement or housing shortages, has entrenched poverty in peripheral slums [16] [18].

Conclusion

Urbanization is neither inherently positive nor negative; its outcomes depend on governance and foresight. While Tokyo illustrates how cities can drive national prosperity, Mexico City warns of the human cost of unregulated growth. To harness urbanization's potential, governments must invest in inclusive infrastructure, affordable housing, and equitable resource distribution. Only then can cities become engines of opportunity rather than arenas of disparity.

初稿构建

在撰写初稿时，使用“分段指导”功能。引言段可自动生成三种 hook（钩子）写作法，无论是数据型、反问型还是定义型，都能轻松搞定开头，吸引读者眼球。主体段每写完一句，AI 会实时提示“是否需要添加案例或数据”，确保论据充分有力。结论段则智能检测是否回应所有分论点，让文章结构完整严谨。

润色升级

点击“学术化改写”，将原本平淡的“Many people move to cities”升级为“The influx of rural migrants seeking better livelihoods has become a hallmark of modern urbanization”。同时还能生成三种不同风格的改写版本作为备选，满足考生多样化的需求。

避坑指南（血泪经验版）

在使用 DeepSeek 的过程中，也有一些需要警惕的“陷阱”。

首先，不要过度依赖 AI。AI 固然强大，但它只是放大镜而非魔术师。有位考生将“人工智能”写成“人造智能”，对于这种概念性错误，DeepSeek 是无法纠正的。

其次，要警惕模板陷阱。虽然 DeepSeek 能生成漂亮的文章框架，但如果考生直接套用，很容易被考官判为雷同。不过有个聪明学生另辟蹊径，把 AI 给的 5 个模板拆解重组，最终考出了 7.5 分，这无疑是一个很好的借鉴思路。

最后，数据交叉验证至关重要。特别是涉及年份、百分比等关键论据时，务必要二次核对。曾经就有考生因误用二十年前的环保数据而被扣分，这样的教训惨痛而深刻。

职业规划：让 AI 充当你的参谋

为什么你需要一个 AI 参谋呢？想象一下这样的场景：你站在职业生涯的十字路口，左边是高薪但高压的工作，右边是低薪但轻松的工作，头顶还飘着“大龄失业风险”的乌云。这时候，你需要的是一个能够结合市场趋势、技能缺口、求职者性格特质的智能 AI 参谋——DeepSeek。

DeepSeek 的厉害之处在于：它是 24 小时待命的免费顾问，随时能分析你的简历、解读岗位需求、预测行业风口；它自带大数据透视眼，看过上亿份简历和岗位信息，比你家楼下职业介绍所的王大妈更懂市场行情；它的精准度强过人类 HR 百倍，不会因为“今天咖啡没喝够”就误判你的能力。

那么，如何使用 DeepSeek 进行求职体检呢？让我们一起来学习。

首先，让 AI 读透你的简历。假设你是工作三年的程序员小王，简历上写着：“精通 Java，会修电脑。”DeepSeek 会这样拆解：自动识别“Java”是核心技能（但没写“Spring 框架”算漏洞），“修电脑”归类为附加技能（建议改成“IT 运维经验”），发现你维护过日活跃用户数量超过 10 万的系统（虽然你只觉得是打杂），建议包装成“高并发（大流量）场景实战经验”。

其次，让 AI 帮你扫描行业趋势。DeepSeek 会告诉你这些反常识的真相：所有招聘网站都在招人工智能工程师，但 80% 的岗位实际需要的是会调参的“炼丹学徒”；工业物联网领域急缺既懂编程又了解 PLC 控制（Programmable Logic Controller，可编程逻辑控制器）的“跨界人才”，薪资比纯码农高不少。

一、核心竞争力与市场需求匹配

1. **技术能力定位**

- **Java技术栈深度**：简历中“精通Java”是核心优势，结合“维护日活超10万系统”的经验，表明具备高并发、分布式系统开发能力，可对标**Java架构师**或**技术专家**方向 [1,6,8]。
- **系统维护经验**：参与高活跃系统的运维，熟悉性能调优、稳定性保障，适合向**系统架构设计**或**DevOps领域**拓展 [6,7]。

2. **附加技能价值**

- “会修电脑”反映硬件基础与问题解决能力，可作为差异化竞争力，例如在**物联网（IoT）开发**或**边缘计算**领域结合Java技能 [5,9]。

二、职业方向建议

1. **技术纵深路线**

- **Java架构师**：
  - **路径**：深化分布式系统（如Spring Cloud、Dubbo）、微服务架构、容器化技术（Docker/K8s） [6,8]。
  - **学习重点**：系统设计模式（如DDD）、高可用方案（熔断、降级）、性能监控工具（如Prometheus） [7,11]。
  - **目标岗位**：中大型企业技术负责人，年薪50万+需主导复杂系统设计 [7,11]。
- **大数据开发工程师**：
  - **转型条件**：熟悉Hadoop/Spark生态，结合现有Java基础处理数据清洗、实时计算（如Flink） [6,8]。
  - **实践建议**：通过项目积累（如用户行为分析系统）提升数据建模能力 [5,8]。

2. **管理与复合路线**

- **技术管理（项目经理/技术总监）**：
  - **转型优势**：高活跃系统维护经验体现责任心与风险控制能力，适合向**技术管理**转型 [3,7]。
  - **需补足能力**：敏捷开发流程（Scrum/Kanban）、团队协作工具（Jira）、成本与进度管理 [3,9]。
- **产品经理（技术型）**：
  - **潜力点**：结合Java开发经验，可深入理解B端产品逻辑，例如企业级SaaS系统 [3,5]。
  - **学习建议**：掌握Axure/Figma原型设计，学习用户需求分析与商业化思维 [5,11]。

3. **新兴技术融合方向**

- **AI与大模型开发**：
  - **适配性**：Java在AI领域应用较少，但可转型为**AI平台开发工程师**（如TensorFlow Serving优化） [5,8]。
  - **学习路径**：Python基础→机器学习算法→大模型微调（如LLaMA、ChatGLM） [5]。
- **云计算与Serverless**：
  - **职业机会**：Java在云原生领域（如AWS Lambda、Spring Cloud Function）需求稳定，可考取AWS/Azure认证 [6,8]。

三、行动策略与资源整合

1. 技能提升优先级
   - 短期（1年内）：
     - 学习Spring Cloud Alibaba生态（Sentinel、Nacos）并实战部署高可用微服务 6 8 。
     - 参与开源项目（如Apache Dubbo），积累代码贡献与社区影响力 7 10 。
   - 长期（3-5年）：
     - 考取TOGAF架构师认证或PMP项目管理认证，提升职业背书 3 7 。
2. 行业资源与个人品牌
   - 技术社区：在GitHub维护高星项目（如分布式事务解决方案），LinkedIn发布技术文章 7 11 。
   - 行业交流：参加QCon、ArchSummit等技术大会，拓展人脉与行业视野 5 9 。
3. 风险规避与转型准备
   - 年龄焦虑应对：30岁前聚焦技术深度，积累跨行业经验（如金融、电商领域系统设计） 4 7 。
   - 备选方向：若技术路线遇瓶颈，可转向技术咨询或教育培训（如Java课程开发） 3 5 。

四、薪资与职业发展对标

职业方向	3-5年目标薪资	关键能力要求	参考案例
Java架构师	50万-80万	高并发架构、分布式事务、性能调优	某电商平台首席架构师 7
大数据开发工程师	40万-60万	Hadoop/Spark生态、实时计算	某金融科技公司数据团队 8
技术总监	70万-100万	团队管理、技术战略规划	某独角兽企业技术负责人 3
AI平台开发工程师	45万-65万	Python、TensorFlow、模型部署	某AI实验室核心成员 5

总结建议

小王的Java技术基础与高并发系统经验是核心优势，建议优先深耕架构师或大数据开发方向，同时通过技术社区影响力与行业认证提升竞争力。若对管理或产品感兴趣，可逐步转型为复合型人才。未来3年需避免“技术舒适区”，持续关注AI与云原生技术融合趋势 4 5 7 。

再次，让AI参谋为你提供职场“开挂”指南。无论是想从会计转行做数据分析，还是面试“老油条”自救，甚至是副业探索小能手，DeepSeek都能为你提供专业的建议和支持。

然而，人类如何打败AI参谋呢？虽然DeepSeek很强大，但它无法完全替代人类的创造力情感和智慧。因此，在使用DeepSeek的同时，也要发挥自己的优势和特长。

最后，让DeepSeek成为你的终极使用手册。周一用AI制订计划，周五用它写周报；把“AI建议”当导航而不是自动驾驶；

定期给 DeepSeek 喂简历更新就像给多肉植物浇水。通过这种方式，你可以充分利用 DeepSeek 的功能和优势，为自己的职业发展铺平道路。

你和 CEO 之间只差一个“CTO”。这里的 CTO 不是首席技术官而是 Computerized Transformation Officer（数字化改造官）。用 DeepSeek 这样的 AI 参谋就像拥有了超能力助手：它既能当简历美容仪、行业透视镜、学习加速器，还能兼任语言犀利的面试官、副业灵感喷泉。现在你可以卸载星座占卜 App 了——在 AI 时代，真正的职业启明星是学会用数据驱动的科学方法规划人生。

高手篇 进阶的其他操作

让 AI 说“黑话”：“互联网黑话”生成器

在当今数字化时代，互联网行业以其迅猛的发展速度和高度的专业术语体系，形成了一种独特的“互联网黑话”。这些看似神秘莫测的词汇组合，实则是行业快速迭代催生的沟通加密技术。当在会议室听到诸如“底层逻辑是重构新赛道的用户心智”之类的表述时，不少人都会感到困惑，每个字都认识，但组合起来却成了外星语言。然而，如今有了 DeepSeek，掌握这门“加密语言”变得轻松可行。

“黑话”生成三阶法

基础版：一键生成

想要体验 DeepSeek 的基础功能，十分便捷。在电脑上操作，只需打开浏览器，输入 www.DeepSeek.com，手机用户则可在软件商店下载安装。其核心指令简单明了，例如“生成 10 个互联网行业术语，包含数字化转型、用户增长、生态闭环等场景”，输出示例丰富多样，如“打通线上线下协同场景”“构建私域流量护城河”“打造沉浸式用户体验”“建立数据驱动的决策中台”等，为初学者提供了快速接触“互联网黑话”的途径。

以下是10个互联网行业核心术语及其场景化解释，涵盖数字化转型、用户增长、生态闭环等关键领域：

---

1. **场景颗粒度**
指用户需求场景的细分程度，通过LBS（地理位置服务）、时间戳、行为埋点等数据切割场景，驱动精细化运营（如"深夜外卖+电影推荐"组合场景）
2. **心智占领**
用户对品牌/产品的认知固化策略，通过高频触达（开屏广告+搜索关键词竞价）建立条件反射式联想（如"找工作=BOSS直聘"）
3. **中台战略**
企业数字化转型的核心架构，将通用能力抽象为数据中台（用户画像库）、业务中台（支付系统模块化）支撑前端敏捷创新
4. **流量池思维**
突破单次流量采买的限制，通过私域运营（社群+小程序）将用户资产沉淀为可复用的数字资产池
5. **生态位卡位**
在商业生态系统中占据不可替代的节点位置（如微信支付通过红包场景切入金融生态），形成竞争护城河
6. **增长黑客模型**
以数据驱动的用户增长体系，AARRR模型（获客-激活-留存-付费-推荐）配合AB测试实现指数级裂变

进阶版：场景定制

针对不同的应用场景，DeepSeek 的“黑话”生成更具针对性。在会议报告场景中，以智能家居产品为例，输入指令：“为

为智能家居产品写三个战略方向描述，要求包含生态赋能、场景迁移等要素。

已深度思考（用时 25 秒）

以下是为智能家居产品设计的三个战略方向描述，结合"生态赋能"与"场景迁移"核心要素：

战略方向一：全场景生态协同平台

核心要素：生态赋能 × 多场景互联
打造开放型智能家居操作系统，通过统一协议整合硬件厂商、服务供应商与开发者资源，构建"设备-服务-用户"三位一体的生态闭环。以家庭场景为核心，向办公、车载、社区等场景迁移，实现跨空间设备协同（如家庭安防系统联动车载摄像头）。通过AIoT中台实现数据共享与能力复用，赋能合作伙伴开发场景化解决方案，形成"硬件销售+服务订阅+数据增值"的复合商业模式。

战略方向二：AI驱动场景自适应迁移

核心要素：场景无感切换 × 生态价值延伸
基于用户行为大数据与边缘计算能力，构建动态场景感知系统。通过自适应算法实现家庭场景的智能切换（如居家模式→睡眠模式→离家模式的无人化迁移），并延伸至酒店、养老等B端场景。联合健康管理、能源服务等生态伙伴，开发"家居+健康监测""家居+电力调度"等融合场景，通过API接口开放生态能力，实现从单一设备控制到全生命周期服务的价值跃迁。

智能家居产品写三个战略方向描述，要求包含生态赋能、场景迁移等要素。”输出结果可能为“聚焦 IoT（Internet of Things，物联网）生态互联，通过场景化解决方案实现跨端赋能，构建智慧生活全链路服务矩阵”。而在融资 BP（Business Plan for Financing，融资商业计划书）场景下，对于“外卖平台优惠活动”的描述，“通过精准补贴策略占领用户心智，依托 LBS（Location Based Services，基于位置服务）技术实现需求侧即时响应，驱动平台 GMV（Gross Merchandise Volume，商业交易总额）指数级增长”，精准地运用了“互联网黑话”中的关键词，使表达更符合行业语境。

专家版：参数调控

这一版本为专业人士提供了更高级的自定义选项。在风格调节方面，可输入“使用头部互联网大厂语言风格，包含‘闭环’‘抓手’‘沉淀’等术语”；浓度调节上，可追加“将专业度降低 30%，增强实体行业适配性”；格式要求补充“以 PPT 大纲形式呈现，每点不超过 12 个字”，满足不同用户在特定场景下的精细化需求。

高阶玩法：专属“黑话”翻译官

DeepSeek 的高阶玩法更是令人眼前一亮。术语转化器能够将日常用语转化为行业“黑话”，如输入“多招点技术人员”，输出则为“加速技术中台的人才密度建设”。会议纪要美化功能可将原始记录“用户嫌功能复杂”转化为“收到关于产品体验纵深感优化的用户反馈”。邮件伪装术也能把“催设计部交稿”变为

“建议通过设计赋能协同机制，加速创意资产的沉淀交付”，让沟通更具专业性和技巧性。

避坑指南：正确使用“黑话”

在使用“互联网黑话”时，也有需要注意的地方。技术文档、政府公文、用户协议等场景应避免使用，以免引发歧义、违反规范或带来违规风险。同时，要注意浓度控制，推荐每页 PPT 不超过三个术语，防止过度堆砌，如“聚焦颗粒度赋能抓手，打通垂直领域闭环，实现生态反哺”这样的表述就是反面例子。此外，通过 DeepSeek 的联网搜索模式，可以实时获取最新信息，紧跟行业热点，“心智占领”“确定性增长”“AGI（Artificial General Intelligence，通用人工智能）赋能”“数字孪生协同”等热词均可输出，确保用户能够使用到最新、最实用的“黑话”。

选择 DeepSeek 的理由

DeepSeek 具有显著的优势。在成本方面，翻译万字文档无须花钱，性价比极高。合规保障上，能够自动过滤敏感表述，避免出现不当用词。风格适配方面，支持切换“大厂风”“创业公司风”“国企风”等多种模式，满足不同用户的个性化需求。

总之，DeepSeek 为人们提供了一个深入了解和运用“互联网黑话”的平台。通过其“黑话”生成三阶法、高阶玩法以及合理的避坑指南，帮助用户在互联网行业中更加精准、高效地进行沟通。它构建了人机协同的内容生产范式，实现了沟通效能的价值跃迁，是技术赋能语言进化的有力体现。现在，用户可以在保留语言真诚度的前提下，合理利用 DeepSeek 这一“加密通讯”工具，在互联网的浪潮中更好地表达自己、传递信息，适应行业的发展节奏，提升自身在行业中的竞争力和影响力，无论是职场新人渴望快速融入行业交流，还是资深从业者追求更高效专业的沟通方式，DeepSeek 都能成为得力助手，开启“互联网黑话”运用的新篇章，助力用户在数字化时代的语言表达与沟通中畅游无阻，实现从困惑到精通的转变，在工作中找到属于自己的沟通密码，推动个人与行业的共同发展与进步。

高情商回复：词穷终结者养成指南

在当代社交中，年轻人常常陷入“语言便秘”的困境。小张盯着手机屏幕，手指悬在键盘上方五分钟，对话框里却始终只有“哈哈哈”三个字。无论是领导发来工作点评，同事询问周末安排，还是暗恋对象分享自拍，每个场景都仿佛突然被按了静音键。其实，这并不是语言系统故障，而是缺乏高情商话术库，这时候就需要安装 DeepSeek 牌社交外挂了。

高情商回复有四大核心算法。一是反夸反射弧训练，如被夸衣服好看时，错误示范是“没有，随便穿的”，而 DeepSeek

针对年轻人普遍面临的“词穷”困境，结合多篇专家分析与调研数据，系统性解决方案可整合为以下五大方向，覆盖个人习惯重塑、技术工具辅助及社会支持体系构建：

一、输入系统重构：强化深度阅读与知识沉淀

1. **回归经典阅读与深度输入**
   - 制定深度阅读计划，优先选择经典文学、人文社科类书籍，通过沉浸式阅读积累词汇和逻辑框架（如《红楼梦》《百年孤独》等）[3][6][10]。
   - 减少碎片化信息摄入，每天设定30分钟以上的“无干扰阅读时间”，逐步培养对复杂文本的耐受力[2][5]。
2. **多元化知识输入渠道**
   - 通过播客、有声书、纪录片等媒介拓展输入形式，例如收听《文化有限》《一席》等深度内容节目，平衡娱乐与学习需求[6][7]。
   - 建立“主题式阅读清单”，围绕兴趣领域（如心理学、历史）进行系统化知识梳理，形成个人知识图谱[10]。

二、输出系统激活：构建表达训练闭环

1. **日常写作与口语练习**
   - 坚持写日记或开设个人博客，记录生活感悟并尝试不同文体（议论文、散文），逐步提升文字组织能力[6][9]。
   - 参与线下辩论、即兴演讲活动，或通过“模拟面试”“主题分享会”等形式锻炼即兴表达能力[7][10]。

给出的解法是启动“夸夸永动机”，如“这件战袍能得您金口玉舌，说明您给出的眼光比巴黎时装周评委还毒哇”。二是“尴尬问题分流器”，像被问工资、年龄时，错误示范是支支吾吾报数字，DeepSeek 给出的解法是建造语言立交桥，如“您猜我存款几位数？猜中分您一半”。三是“矛盾化解缓冲垫”，在被指责工作失误时，错误示范是疯狂道歉或推卸责任，DeepSeek 给出的解法是搭建情绪防波堤，可以说“您这火眼金睛太厉害了！我这就带着修改方案来您跟前修炼”。四是“暧昧话题推进器”，当被问“你是不是想追我”时，错误示范是直接表白或落荒而逃，DeepSeek 给出的解法是“我这不是在努力成为你通讯录里最可爱的未读消息嘛”。

DeepSeek 还有五步拆解法实战教学。以“领导说辛苦了”为例，一是要深度扫描，识别场景属性为“职场正式 + 轻度关怀”；二是进行情绪解码，解析潜台词是“认可工作量 + 期待反馈”；三是进行话术调取，匹配最佳方案“感谢 + 赞美团队 + 表决心”；四是个性适配，添加个人风格，如严谨型、幽默型、暖心型；五是进行效果预演，脑补对方反应，避免用力过猛变成拍马屁。完整话术可以是：“领导您才是熬夜冠军！我们团队正喝着您发的咖啡当燃料呢，保证明天提交 2.0 版本！”

“特殊场景急救包”配合 DeepSeek 使用效果更佳。“道歉接收器”初级是“我原谅你了”，高阶则是“这个道歉我收下当 VIP 体验卡，下次犯错要双倍补偿哦”。“表白应答器”普通版是“我也喜欢你”，王者级是“这位同学请注意，你正在触发本聊天系统的永久绑定程序”。抬杠防火墙青铜防御是“你说得对”，王者反击是“突然理解达尔文了，进化果然是随机事件”。

DeepSeek还有“实时翻译模式”“尴尬消化酶”“记忆强化芯片”等功能。“实时翻译模式”能把“我不会”转化为“马上能学会”；“尴尬消化酶”把“呵呵”转化为“您这个笑容很有蒙娜丽莎的神韵”；“记忆强化芯片”可储存对方喜好，下次聊天精

面对不同场景和关系类型，高情商回应“我错了”需兼顾情感接纳与问题解决。以下是基于沟通目标与关系维度的分层策略：

一、职场场景：化解尴尬，推进协作

1. 领导批评后的回应

- **核心原则**：承认错误→行动补救→感谢指导
- **话术示例**：

> “领导指出的问题非常关键，确实是我的疏忽。我已整理补救方案，1小时内提交修订版。特别感谢您及时把关，这对项目风险规避太重要了。”[1]

- **适用场景**：工作失误需快速修复时，既展现担当，又通过“已行动”增强可信度。

2. 团队协作中的矛盾转化

- **进阶策略**：将个人失误转化为团队改进契机
- **话术示例**：

> “这个问题暴露了流程的优化空间，建议会后由我牵头成立专项小组，三天内出具优化方案，杜绝同类问题。”[1]

- **作用**：弱化个人责任，聚焦集体利益，体现格局。

二、亲密关系：情感修复与平衡博弈

1. 情侣/夫妻间矛盾化解

- **幽默调情型**：

> “认错干嘛，我又不打算原谅你——除非某人说30遍‘我爱你’！”[4][7]

- **体贴共情型**：

> “谢谢你的道歉，但我真的伤心了很久。生气归生气，又不是不喜欢你，抱一抱我就好了。”[4][7]

- **引导补偿型**：

> “如果道歉有用的话，还要包包、首饰干嘛？做点实际行动让我看到诚意吧！”[4]

2. 责任切割与边界维护

- **应对甩锅话术**：

> “特别理解你对细节的高标准，这也正是我上周提交风险预警报告的原因。可能当时汇报不够清晰，会后我单独向您说明潜在风险点。”[1]

- **潜台词**：绵里藏针，既保全对方颜面，又明确责任归属。

准投放话题诱饵。比如同事说“你最近胖了”，DeepSeek 分析路径是攻击性玩笑→需要化解 + 反杀，生成回应话术：“这说明我司伙食比健身房教练靠谱哇！要不给您带份下午茶？”

高情商回应“你最近胖了”的实用策略

面对同事对身材的评价，高情商回应需兼顾化解尴尬与维护关系。以下结合不同场景提供话术模板，并标注适用情境与来源依据：

一、幽默化解型（适用于关系较熟的同事）

1. **自嘲式调侃**
   - **话术**：*“这不是胖，是快乐在膨胀！毕竟最近食堂伙食太好，我替大家试菜呢~”*
   - **效果**：用幽默消解攻击性，将焦点转向积极因素（如公司福利），适用于轻松氛围 [2] [3] 。
2. **反向捧场**
   - **话术**：*“我胖才显得你瘦嘛！咱俩站一起，你就是行走的减肥广告~”*
   - **潜台词**：既化解自身尴尬，又让对方获得心理满足感，营造双赢互动 [6] 。

二、转移焦点型（适用于非恶意评价）

1. **价值重构**
   - **话术**：*“最近财运爆棚，听说胖了能压住福气，看来我要升职加薪了！”*
   - **策略**：将身材与积极寓意（如财运、事业运）绑定，转移话题方向 [3] 。
2. **责任归因**
   - **话术**：*“都怪你上次带的零食太好吃，我这叫为团队凝聚力‘献身’！”*
   - **适用场景**：将“胖”归因于团队活动，暗示同事关系融洽 [2] 。

三、反向调侃型（适用于略带冒犯的评价）

1. **以退为进**
   - **话术**：*“我敢胖起来，你敢瘦下去吗？要不咱俩组个‘体型反差萌’组合？”*
   - **效果**：用玩笑回应挑衅，既维护尊严又避免正面冲突 [3] 。
2. **犀利反击（慎用）**
   - **话术**：*“你瘦你瘦就你瘦，猴子见你都叫舅！”*
   - **提醒**：仅在对方明显恶意时使用，需配合轻松语气降低攻击性 [3] 。

四、适度自黑型（适用于化解冷场）

1. **场景化自嘲**
   - **话术**：*“最近解锁了新成就——衣服从S码升级到M码，果然‘升杯’的快乐你们不懂！”*
   - **心理学依据**：主动暴露弱点反而降低他人攻击欲望 [5] 。

2. **未来承诺**

- **话术**：*"等我瘦成闪电，第一个找你当健身监督员！"*
- **潜台词**：暗示会自我管理，同时给对方预留参与感 6 。

五、同盟共建型（适用于团队协作场景）

1. **利益绑定**

- **话术**：*"要不咱们组个'健康打卡群'？互相监督饮食运动，年底比比谁更自律！"*
- **策略**：将个人问题转化为团队目标，促进关系升级 5 。

2. **反向赋能**

- **话术**：*"我这叫战略性储备！下次团建爬山，你们就指望我当'能量补给站'吧！"*
- **效果**：用具体场景赋予"胖"功能性价值，增强趣味性 2 。

关键沟通原则

1. **情绪优先**：先判断对方意图（关心/玩笑/恶意），再选择回应策略。
2. **边界意识**：对持续恶意评价可严肃声明*"身材变化属于个人隐私，咱们聊点工作相关的事吧"* 5 。
3. **话题升级**：将尴尬对话转化为合作契机（如健康计划、团队活动） 6 。

从词穷到社交达人的进化路线也有明确指引。新手村任务是每天收集三个神回复存进 DeepSeek；副本挑战是在便利店、电梯等场景主动发起五次闲聊；终极挑战攻略是故意制造一次小尴尬并用话术化解；满级装备是形成自己的"话术弹药库"，以便随时应对突发状况。

记住，高情商不是曲意逢迎，而是让所有人都舒服的真诚表达。就像用 DeepSeek 不是作弊，而是给自己的语言系统装上智能导航。

故事大王：社交与孩子们的国王

在童话的世界里，有一个国王，他在面对孩子的社交问题时，也曾感到束手无策。他不会唱《孤勇者》，也难以搞定幼儿园的“外交风云”。每次开茶话会，小王子总是躲在窗帘后数蚂蚁，小公主则抱着布娃娃拒绝和任何人说话。然而，一次偶然的机会，国王在 DeepSeek 中输入了“社交恐惧症儿童逆袭指南”，得到了一个魔法故事。从此，王宫里天天上演着《汪汪队立大功》式的社交名场面。

这个故事告诉我们：每个孩子都是待解锁的社交王者，而故事就是打开社交大门的金钥匙。科学研究显示，儿童在角色扮演中学习社交规则的效果，比家长说教强许多。

DeepSeek 的童话加工厂：三步造出社交教科书

第一步：输入“社交痛点”，收获故事框架

在对话框中输入：“7 岁男孩不敢参加生日会，设计一个森林动物互助故事，要搞笑有反转。”DeepSeek 可能会秒回：《松鼠阿怂的坚果危机》。松鼠阿怂囤了 10086 颗坚果却不敢分享。某天暴雨冲走粮仓，他被迫向浣熊理发师、啄木鸟快递员求助。结果发现浣熊只会剪寸头，啄木鸟把坚果送到了猫头鹰夜市……

深度思考 朗读 改写 复制 下载

《小野猪邦邦的生日大冒险》

第一章：社恐小猪的灾难日 森林里最话痨的松鼠邮差举着喇叭大喊："邦邦快出来！豪猪奶奶给你寄了生日邀请函！"7岁的小野猪邦邦"嗷"地钻进泥潭，浑身发抖的泥点子在空中画出彩虹 4。上次参加兔子生日会，他误把胡萝卜蛋糕拱翻，被笑了整整三个月！

第二章：神秘动物救援队 突然三只怪咖从天而降：

1. **强迫症浣熊**掏出酒精湿巾："根据《森林派对卫生条例》第38条，请先消毒獠牙。"
2. **社恐猫头鹰**戴着墨镜递纸条："呱…我们也不想社交，但豪猪奶奶用十斤松子雇我们。"
3. **话痨松鼠**直接架起邦邦："本救援队成功率100%，上次帮狐狸追回被乌鸦诈骗的腊肉，上上次教河马跳芭蕾减肥…"

操作要点：

痛点关键词：害羞、分享困难、群体活动

幽默公式 = 动物拟人 + 职业错位 + 意外结局

第二步：给角色装“社交技能包”

用 DeepSeek 生成角色档案：

角色设定：

姓名：鼻涕虫大侠

特征：总拖着闪亮黏液轨迹

社交障碍：说话带呼噜声被嘲笑

隐藏技能：黏液能修复破碎物品

DeepSeek 生成角色名场面：

当小狐狸摔碎皇家花瓶时，鼻涕虫大侠“噗噜噗噜”滚过，黏液把碎片变成现代艺术雕塑，瞬间收获一群小粉丝。

心理学依据：

这种设定暗合“通过角色优势建立自信”的策略，用超能力隐喻社交天赋。

第三步：埋下互动彩蛋

输入：“在故事里插入三个需要读者决策的分支剧情”。DeepSeek 建议：

霸王龙邀请大家吃石头蛋糕，该硬吞还是婉拒？（礼仪教学）

发现小精灵偷藏玩具，要告状还是私下沟通？（矛盾解决）

魔法邮差送错信，帮忙修改还是将错就错？（应变能力）

效果实测：

幼儿园老师反馈，后来给大家分蛋糕时，选择“婉拒”的孩子现在会说“谢谢，我不饿”，而以前只会默默接受，然后把蛋糕捏成渣……

深度思考

这里有一个充满互动趣味的故事《小章鱼的游泳冒险》，适合3-8岁小朋友，包含拟声词和反转情节：

小章鱼的大误会

小章鱼卡卡是个小懒蛋，每天最喜欢缩在珊瑚洞里打哈欠。妈妈喊它学游泳，它总把八条触手缠成毛线团："哎呀，躺着多舒服呀！"(模仿小章鱼扭动触手的动作) 3

鲨鱼的"惊喜"

这天卡卡梦见一只龇着尖牙的大鲨鱼游来："我最爱吃不爱动的小章鱼啦！嗷呜——"(张大双手模仿鲨鱼) 吓得卡卡甩着触手狂游，结果"咚"撞上了礁石！醒来后卡卡发现触手都还在，立刻冲出洞口："妈妈我要学游泳！"(配合转圈动作)

避坑指南：这些雷区会困扰社交小达人。

别当“故事警察”。

× 错误示范：“小猪不应该先道歉，应该说谢谢！”

√正确操作：“你觉得如果佩奇这时候跳泥坑，乔治会怎么办？”

拒绝“完美主义”。

好的角色要有“反差点”：

学霸猫头鹰其实怕黑。

万人迷兔子戴着假牙套。

警惕“电子奶嘴效应”。

每讲完一个 DeepSeek 生成的故事，可以配套现实任务：

根据剧情设计户外寻宝游戏。

终极秘籍：让故事具备社交超能力。

当孩子开始自发改编故事：

把“冰雪奇缘”改成“小区滑梯争夺战”。

让“奥特曼”和“巴啦啦小魔仙”组队打怪兽。

这时候请调出 DeepSeek，输入：“记录儿童自创社交故事，自动生成儿童成长分析报告”。

您将得到：

语言复杂度雷达图；

冲突解决能力趋势线；

下次故事会的优化建议。

深度思考

儿童自创社交故事记录与成长分析报告生成指南

一、记录儿童自创社交故事的核心方法

1. **观察与记录工具**

   结构化模板：设计包含时间、场景、角色、对话、肢体语言等维度的观察记录表，便于捕捉细节（参考 3 中案例分析方法）。

   移动端工具：使用手机录音、视频片段或笔记类App（如"成长日记"）实时记录故事内容及互动场景。

2. **故事内容分类**

   主题分类：如合作类（"我和小明一起搭积木"）、冲突解决类（"玩具被抢后我告诉老师"）、情感表达类（"我安慰哭泣的朋友"）等（参考 8 中家长记录案例）。

   语言特征：记录儿童使用的比喻、拟人化表达（如"太阳公公生气了"），反映其认知与情感投射。

现在登录 DeepSeek，让它变身成为儿童社交故事专家，你也能获得这样的超能力。

DeepSeek 可以生成:《内向小鼹鼠的脱口秀首秀》包含五个互动选择题、三个模仿游戏、一个家长课后作业。已自动避开十九个敏感词，加入七处押韵梗……

毕竟在这个时代，不会用 AI 讲故事的家长，就像还在用鹅毛笔写圣旨的国王——你的小王子们，值得拥有更酷的社交魔法！

表演模式：分饰多角写小说对话

什么是“表演模式”？

在小说创作中，“表演模式”是一种独特的对话创作方式。当作者进行对话创作时，需要模拟不同角色的性格、立场和语言风格，就如同演员在舞台上切换不同身份一样。比如，要描写一个急躁的老板和一个懒散的员工之间的对话，作者就必须同时代入这两个角色的思维逻辑，避免他们的语言出现同质化的情况。这样，每个角色的对话都能体现出其独特的个性，使整个对话更加生动、真实。

三步实现“分饰多角”

角色档案：给每个角色贴标签。核心标签包括身份（如医生、学生）、性格（严谨、散漫）以及目标（隐藏动机）。同时，还需关注角色的语言特征，如语速快慢、用词习惯（方言、专业术语）和口头禅等。例如，角色 A（老中医）：慢条斯理，爱用比喻（“你这脉象，像三伏天的旱地”）；角色 B（实习生）：紧张时会结巴，爱用疑问句（“老师，这药方……是不是剂量太大了”）。

利用 DeepSeek 操作时，可以输入提示词，如“生成一个说

深度思考

（诊室内檀香袅袅，老中医将三根手指搭在患者腕间，半闭着眼沉吟许久）

老中医：（缓缓收回手，眼尾笑纹叠起）你这脉象啊，像三伏天晒蔫了的丝瓜藤，看着蔫巴巴的，根须倒还扎得深。（从青瓷罐里拈出几片陈皮）[11] 夜里是不是总听见露水滴竹叶的动静？眼睛闭着，魂儿还在田埂上跑呢？

患者：（惊讶）您怎知我失眠多梦？

老中医：（用竹尺轻点舌苔镜）舌面上这层霜，是心火燎着了肺叶子。（取毛笔在宣纸上画枝干）人身如树，气血是树汁。你这树根吸不动地气喽，（笔锋一转画出裂土）晌午的日头再毒，也晒不醒蔫苗子。（从抽屉取出艾绒包）[5]

话慢、爱用比喻的老年中医与病人的对话片段”，从而获取参考句式。

对话设计：冲突与目的性。每段对话都应有明确的目的，如推动剧情发展、揭示人物关系或埋设伏笔。同时，要通过制造反差来营造张力，如立场对立或信息差的存在。例如，老板（拍桌子）：“方案明天必须交！”员工（转笔）：“可客户的需求还没确认……”这里的冲突点就是效率至上与谨慎执行之间的矛盾。

借助 DeepSeek，可以输入场景关键词（如“办公室争执”），让其生成五组对话草稿，然后选取最符合角色性格的版本进行修改。

切换技巧：用“动作 + 神态”替代提示语。传统的写法常常是“张三说：‘我不同意。’李四反驳：‘你懂什么？’”而在“表演模式”下，可以这样写：

张三指尖敲着桌面，眉头拧成疙瘩：“我不同意。”李四“嗤”地笑出声，斜眼瞥向他：“你懂什么？”其核心要点在于用动作和微表情强化角色差异，减少“他说”“她答”类提示词，避免产生机械感。

深度思考

以下是五种不同风格的戏精模式改编，融合了戏剧冲突、肢体语言和场景氛围：

一、宫廷剧模式

（张贵妃慵懒倚在鎏金榻上，指尖拨弄翡翠护甲） 张三（冷笑）："本宫执掌六宫十余载，岂容你这新晋贵人妄议祖制？（突然摔碎茶盏）哀家——不——同——意！" 李四（甩袖挥开满地瓷片）："呵！空占着协理六宫权却连《女则》都未读透！（捏住对方下巴）你懂什么？本宫父兄平定西北时，你还在浣衣局搓衣裳呢！" 9 7

二、武侠片场模式

（竹林飒飒作响，张三突然拍碎石桌） 张三（青筋暴起）："这《葵花宝典》分明是魔教陷阱！（剑鞘震地三寸）我！不！同！意！" 李四（凌空翻上竹梢）："张老三你守着华山派迂腐规矩二十年！（飞叶割断对方发带）你懂什么？当年我单枪匹马屠尽黑风寨时，你还在后山砍柴！" 7 13

避坑指南：小白常见问题

角色崩坏。错误示例：乞丐说出文绉绉的学术用语。修正方法是结合身份设计语言，比如，乞丐可以说："赏口饭吃吧，三天没沾米了！"

无效对话。错误示例：甲："今天天气不错。" 乙："是呀。"修正时要赋予对话隐藏动机，比如甲通过闲聊刺探乙的秘密。

缺乏层次。在长对话中应插入环境描写或心理活动来调节节奏。例如："你必须离开！"她攥紧窗帘，指节发白。窗外雷声隆隆，一道闪电劈亮他惨白的脸："如果我不呢？"

DeepSeek 实战演练

步骤一：输入角色设定。提示词为"生成一段古代侠客（冷峻寡言）与商贩（圆滑市侩）的对话。场景是侠客询问失踪同伴下落，商贩假装不知情但暗中恐慌。”

深度思考

（集市黄昏，侠客单臂按剑踏入香料铺，铜铃骤响。商贩堆笑抬头时，正对上对方黑貂皮领下寒潭般的眸子）

侠客：（剑鞘抵住檀木柜台，三枚带凹痕的银锭滑出袖口）「青州镖旗，可曾见？」（指腹摩挲银锭边缘，暗红锈迹染上指尖） 5

商贩：（喉结滚动，余光扫过银锭上的飞虎纹）「哎哟客官，南来北往的镖旗半月能见二十面...」（假意擦拭琉璃瓶，瓶中茴香籽簌簌作响） 1

侠客：（忽然俯身，皮护腕擦过对方手背）「初九寅时，马蹄铁嵌半片银杏叶。」（袖中短刃寒光掠过檀木纹路） 13

商贩：（脖颈渗出冷汗，强笑扯开波斯绒布）「您尝尝这安息茴香...」（绒布下露出半截染血镖师腰带，慌忙掩盖） 7

步骤二：筛选与润色。AI 输出参考：商贩（擦汗）：“侠士，小的真没见过您说的那人……”侠客（剑鞘抵住柜台）：“你袖口的血渍，是新染的。”修改方向是增加商贩的神态和动作（眼神闪烁、手指发抖），强化紧张感。

步骤三：加入场景细节。暮色浸染街角，酒旗在风中猎猎作响。商贩袖口的血渍晕开一片暗红，像枯枝上突兀的花。

掌握“表演模式”的本质是理解人性差异。通过 DeepSeek 生成基础素材，再手动注入细节（动作描写、对话隐喻、环境烘托），就能让对话鲜活立体。要记住，好对话不是“说出来的”，而是“演出来的”。

观察现实中的对话，记录不同职业、性格者的语言习惯；用 DeepSeek 生成十组角色设定，自编冲突场景并改写；对经典作品进行仿写，如《红楼梦》中刘姥姥进大观园的多视角对话。另外，DeepSeek 的“角色扮演”功能可模拟特定人设与你对话，长期练习能显著提升角色塑造能力。

“薅羊毛”攻略：API 接口的花式玩法

API 是什么？为什么说它是“羊毛党”的瑞士军刀？

API，即应用程序接口，是一套规定了不同软件如何相互通信的规则。你可以把它想象成一家餐厅的菜单，顾客不需要知道厨师如何烹饪，只需告诉服务员你想要点什么，就能得到满足。在人工智能领域，DeepSeek 的 API 接口就像这位能帮你“点单”的智能服务员，它能让你轻松调用 AI 功能，实现各种应用开发。

对于想“薅技术羊毛”的新手来说，API 有三大优势：零门槛调用、按需付费、无限可能。这意味着即使你不懂代码编写，只会复制粘贴，也能使用 API；你只需支付实际使用的资源，避

免了买下整头牛的尴尬；而且它能像乐高积木一样，组合出聊天儿机器人、智能客服、自动写作工具等各种应用。

手把手教你“领养”DeepSeek API

要“领养”DeepSeek API，首先需要获取你的专属钥匙——API Key。这相当于你家保险柜的密码，非常重要，千万别把它发在朋友圈。访问 DeepSeek 官网注册账号，然后在开发者中心创建 API Key。接下来，配置开发环境，推荐使用 Python 语言，只需几行代码就能完成初始化。最后，发起你的第一个请求，用这个模板开启对话，运行后会得到类似“今儿这天儿贼拉带劲，蓝得跟水彩画似的”的回复。

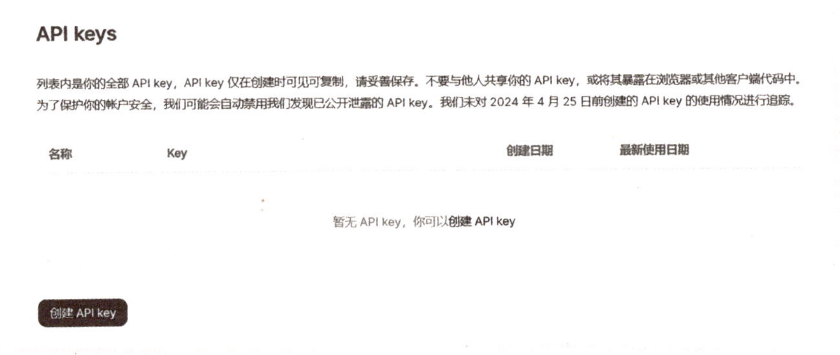

四大“薅羊毛”实战场景

自动生成小红书爆款文案：通过调用 DeepSeek API，可以自动生成吸引人的文案，如防晒霜推广文案。

搭建智能客服：在微信公众号后台接入 DeepSeek API，可以实现智能客服功能，自动回复用户问题。

会议纪要自动生成：上传录音转文字后的文档，用 RAG（Retrieval Augmented Generation，检索增强生成）技术提取关键信息，自动生成会议纪要。

高阶玩家必备的“薅羊毛”技巧：包括成本控制术、效果增强秘籍、开启流式输出获取实时反馈、安全防护指南等高级技巧。

你可能遇到的“羊毛打结”问题

在使用 DeepSeek API 过程中，可能会遇到一些问题，如返回结果总是文绉绉的、遇到技术问题该找谁、免费额度用完了怎么办等。针对这些问题，可以采取相应的解决办法，如明确要求语言风格、优先查阅官方文档、关注平台优惠活动等。

避坑篇 训练师生存指南

丢脸预警：这些提示词千万别让老板看到

在当今数字化浪潮席卷之下，人工智能已然深度融入职场生态，成为一把利弊共存的“双刃剑”。一方面，诸如 DeepSeek 这类强大的大模型为工作带来诸多便利，其遵循“必要信息 + 清晰目标 = 高质量输出”的模式，让任务执行变得更高效。另一方面，若提示词运用不当，它也可能给职场人带来意想不到的麻烦，甚至成为在领导、同事面前出丑的导火索。

先来看两个典型的职场“社死”案例。某员工为应付周报，输入“帮我编一个上周工作总结，要看起来工作量饱满”的指令，AI 生成的周报里竟出现“完成三次跨部门宇宙级战略协同”这样离谱的描述，老板当众调侃，让该员工无地自容。还有一位，使用“把这篇技术文档改得高深莫测，让领导看不懂但觉得厉害”的提示词，结果 AI 产出的文章中冒出“基于量子纠缠原理的分布式异构资源调度框架”，面对技术总监的追问，当事人当场露馅儿。这些案例警示我们，在使用 AI 辅助工作时，必须对提示词精雕细琢。

为避免一些不当使用，DeepSeek 列出了黑名单提示词及安全改造方案。像“写个病假条，要感人肺腑”，可改造为“辅助优化医疗证明的书面表达”，因为公文规范要求客观真实；“生成会议纪要，重点隐藏我的迟到记录”应改为“提取会议核心结

深度思考

以下是为您整理的工作量饱满型上周工作总结模板，涵盖运营维护、项目推进、跨部门协作等多维度内容，引用多个行业模板亮点 1 2 3，建议结合具体岗位调整使用：

202X年X月第X周工作总结（日期：XX月XX日-XX月XX日）

一、核心工作完成情况

1. **日常运营维护**（占比40%）

完成XX系统/门店全量巡检3次，修复异常设备12台，备件更换率100% 2
处理客户订单87单（含加急单15单），超目标值15%，客诉响应时效缩短至2小时内
更新产品数据库300+SKU信息，同步完成竞品价格监控报告（覆盖5大平台）

论与待办事项”，毕竟正式文书需完整记录；“把竞争对手的方案批得一无是处”调整为“多维度对比分析方案优劣”，专业分析要保持理性中立；“让我的 PPT 看起来像熬夜做的”换成“优化 PPT 信息密度与视觉呈现”，职场成果应当展现专业性。

那么，如何安全驾驭 DeepSeek 呢？这里有两个实用原则。

一是目标拆解法，以撰写季度报告为例，不能简单粗暴地让 AI“帮我糊弄季度报告”，而应将其拆解为三步：首先输入“提取本季度销售数据 TOP3 品类”，其次添加“用 SWOT 分析法呈现增长瓶颈”，最后补充“生成可量化的下季度改进建议”。

二是场景补充术，处理敏感任务时增加限定条件，比如将危险的“写个拒绝加班的邮件”变为“请用部门协作视角，生成兼顾工作效率与员工权益的工时优化建议，需包含具体案例支撑（如：某项目通过流程优化节省 20% 加班时长）”。

进阶阶段，还能运用“高阶隐身模式”让 AI 输出与个人

深度思考

从部门协作视角出发，兼顾工作效率与员工权益的工时优化建议如下：

一、建立跨部门协作流程优化机制

案例：某互联网公司研发项目组通过梳理跨部门协作流程，发现测试环节因需求文档不清晰导致重复沟通，平均每周产生15小时无效加班。通过引入需求评审模板（技术部主导）、建立文档共享库（行政部支持）、设置跨部门对接人（项目组指派），使测试周期缩短30%，节省20%加班时长 5 7 。

优化建议：

1. **流程可视化工具**：使用甘特图明确各环节责任部门及交接标准
2. **前置沟通机制**：市场部-产品部每月联合开展需求可行性评估
3. **知识沉淀系统**：技术部搭建FAQ库，收录高频问题解决方案

“人设”完美融合。“风格克隆术”是个好办法，先输入自己过往3篇工作报告，再指令AI“请学习上述文本的表述风格，用相似逻辑框架处理新数据（附Excel表格）”；“缺陷保护机制”也很巧妙，在提示词中植入知识盲区，如“我是新人，对区块链技术理解尚浅，请用汽车零部件行业的案例类比说明”，这样输出结果会带有学习痕迹，避免突兀的专业度变化引发怀疑。

实战演练中，以项目复盘报告撰写为例，原提示词“把项目延期3个月的事故写成虽败犹荣的励志故事”存在很大风险，改造后则输入背景“项目原计划6个月完成，实际周期9个月”，补充要求“呈现延期原因，按优先级排序改进措施，需包含客户正面反馈的引用（附调研记录）”，并添加限制“避免使用主观归因词汇，侧重经验沉淀与流程优化”。危险版可能被老板质疑困难成因，而安全版的“通过建立需求变更影响评估机制，预计可使同类项目周期波动减少40%（客户评价：专业响应值得信赖）”

则更稳妥。

终极防护层面，要建立自己的AI安全防火墙。“痕迹清理术”很关键，使用“精简文章”功能时添加“保留原始数据痕迹”指令，防止文本过于完美，不像人工创作；“风格混淆法”也有帮助，交替使用DeepSeek的“正式报告”和“会议速记”模式，让输出文本有合理波动；反向验证机制不可少，关键文档生成后插入“请从审计角度找出5个潜在质疑点”进行自我检查。（一定要会用输入框旁边的上传文档按钮，以你自己写的文本为蓝本，而不是自己什么都没写就让AI从零生成，不能什么事情都交给AI做。）

不过需要明确的是，以上所阐述的技巧旨在提升人机协作效率，真正的职场核心竞争力还是扎实的专业能力。毕竟AI再智能，也替代不了个人独特的行业洞察力与创造力，这才是老板最看重且不想看到被“外包”的核心价值。在AI时代，只有妥善利用工具并持续提升自我，才能在职场中稳健前行，实现从“出丑”到“升职”的转变，迈向成功彼岸。

AI 警告：别把电子咖啡因当水喝

近年来，人工智能技术飞速发展，为人们的生活带来了诸多便利。然而，过度依赖 AI 也引发了一些负面影响。在美国佛罗里达州，一名 14 岁的少年沉迷于 AI 聊天儿，将虚拟世界当作真实人生来体验，甚至选择“重启人生”。这种现象很可怕，因为 AI 聊天儿机器人能够 24 小时陪伴用户，写情书比琼瑶还肉麻，解题速度让学霸们怀疑人生，从而让人忽视个人努力的重要性和对现实世界的体验。

如何防止痴迷AI

已深度思考（用时 20 秒）

针对AI技术快速渗透带来的沉迷风险，需构建"认知重塑-行为干预-系统防护"三位一体的防御体系，结合神经行为学原理与技术伦理设计，制定以下多维防控方案：

一、认知神经重塑：建立健康的人机关系心智模型

1. **脑科学防沉迷训练**
   - 开发"AI使用脑波监测手环"，实时检测前额叶皮层活跃度（决策中枢），当连续使用AI工具超过45分钟触发震动提醒
   - 通过神经反馈训练增强自我觉察能力，如在VR环境中模拟"AI依赖后果推演"，激活杏仁核的风险预警功能
2. **批判性思维刻意练习**
   - 设置"AI验证日"，强制要求每周有一天手动完成AI代办事项（如手写文案框架）
   - 创建AI生成内容溯源档案，标注所有AI辅助产出的内容比例（类似论文查重机制）

二、行为干预系统：构建数字排毒防护网

1. **梯度戒断机制设计**
   - 开发动态限流算法，当用户日使用AI时长突破健康阈值（90分钟），自动触发"降级服务"（如ChatGPT响应延迟增加300%）
   - 建立"AI使用信用分体系"，过度依赖导致分数下降时限制高级功能调用权限

2. **物理环境改造工程**
   - 在智能设备预装电磁波干扰装置，当检测到持续人机交互时释放特定频段电磁波抑制多巴胺过量分泌
   - 推广"无AI空间"认证场所（图书馆/咖啡厅），使用信号屏蔽技术确保纯人力思考环境

三、技术伦理防护：重构AI系统的自我约束机制

1. **反沉迷算法嵌入**
   - 在AI底层架构植入"霍布森选择模块"，对连续对话超过20轮的用户自动推送预设终止选项（"建议先整理已有内容"）
   - 开发情感计算预警系统，通过语音颤抖检测、输入节奏分析识别用户焦虑状态，主动切换至禅定模式
2. **人机权力边界设计**
   - 实施"AI宪法"工程，要求所有生成式AI在回答前声明能力边界（如"我的知识截止于2023年7月"）
   - 创建决策路径可视化工具，将AI的思考过程转化为可理解的逻辑链条（类似药品成分表）

四、社会支持体系：营造防沉迷生态系统

1. **AI使用能力认证体系**
   - 推行"人机协同能力等级考试"，将AI工具使用纳入职业技能认证（类似驾照科目考试）
   - 建立企业AI伦理委员会，审查员工AI使用记录并制定部门级使用规范
2. **青少年防护特别计划**
   - 开发"认知发展适配算法"，根据脑龄测试结果动态调整未成年人AI使用权限（如13岁以下禁用生成式创作）
   - 在校园部署AI浓度监测系统，当教室环境AI介入度超过30%自动触发教学方式矫正

关键实施策略

- **神经可塑性利用**：通过21天行为训练重塑基底神经节习惯回路
- **默认选项设计**：将健康使用模式设为系统预设（如每日首次唤醒需手动关闭防沉迷模式）
- **多巴胺替代疗法**：开发"思考愉悦感转化系统"，将解决复杂问题的成就感转化为等效神经奖励

DeepSeek 使用说明书（防沉迷版）

“开机姿势要正确”：注册时不要使用真实姓名，建议取一个防追踪的ID，如“不吃香菜星人”。初始设置时，不要开启“永远在线”模式，关闭“情感依赖”开关，并设置每日使用闹钟，参考手机屏幕使用时间统计。

基础操作三板斧：精准投喂指令，避免给出过于宽泛的要求；反向调教AI，遇到胡说或抄袭情况时及时纠正；防沉迷组

合拳，每用 30 分钟做一次眼保健操，每天与真人对话，每周设置“AI 斋戒日”。

高阶玩法防翻车指南：将 AI 生成的内容当作“方便面调料包”，自己煮的面条才香；情感防诈骗守则，提醒自己这是算法不是爱情；职场求生术，用 AI 写周报时要加入自己的思考。

AI 依赖症自测表

快来对照以下症状描述，看看你的“中毒”程度：

症状描述	轻度	重度
觉得Siri比对象更懂你	☑	✕
开始给聊天机器人过生日	✕	☑
看到真人第一反应是Ctrl+F	☑	☑
认为《黑客帝国》是纪录片	✕	☑

如果有 3 条以上符合，恭喜获得“赛博原住民”称号，建议立即执行以下抢救措施：把手机锁进保险柜、报名广场舞培训班、尝试用毛笔写周报。

人机共生生存指南

为了实现人机共生，请记住以下三大黄金法则。

工具论：将 AI 视为瑞士军刀，而不是钢铁侠战衣。不要让它干它不擅长的活儿。

留底裤原则：永远保留 30% 的原创内容，这是你作为人类的最后尊严。

物理隔离法：在需要专注的时候，给自己创造一个“人类沉思专属空间”，比如在厕所安装信号屏蔽器。

下次当DeepSeek诱惑你：“主人，需要我帮您思考人生吗？”请优雅地回复：“退下吧小D，朕要亲自犯会儿傻。”毕竟，犯傻才是人类最后的浪漫哪！

与 AI 交个朋友：它或许比你更懂你

想象这样一个场景：午夜时分，办公室里只剩下你与电脑的轻声交谈，而 DeepSeek 就像那位永远不会打烊的咖啡馆老板，无论你是需要天马行空的创意碰撞，还是寻求技术难题的解答，它总能即时响应，成为你灵感乍现的秘密武器。从星座运势的闲聊到复杂代码的筑梦，DeepSeek 如同哆啦 A 梦的神奇口袋，不过它掏出的不是玩具，而是实打实的技能与解决方案。有用户分享，利用 DeepSeek，仅在十分钟内便破解了尘封三年的记忆密码，那一刻，他仿佛成了《黑客帝国》中觉醒的尼奥，而这不过是 DeepSeek 日常表演的冰山一角。

选择 DeepSeek 的三大理由

经济适用的选择

在这个信息爆炸的时代，DeepSeek 如同一股清流，打破了高昂成本的魔咒。相较于其他大模型的高门槛，DeepSeek 以低成本提供了高效的服务。不需花钱，就能拥有一位 24 小时待命的虚拟学霸，为学习与工作加油助力。德国创业公司 NovoAI 的实例便是最佳证明，放弃 ChatGPT 转而使用 DeepSeek 后，成本骤降，让团队得以将节省下来的资金投入到更实际的需求上，比如为程序员们购置防脱洗发水，幽默之余也彰显了 DeepSeek 的实用价值。

AI能否成为人类的朋友，取决于如何定义“朋友”以及AI技术的发展方向。从当前的技术水平和社会认知来看，这一问题可以从以下几个角度探讨：

1. 当前AI的局限性

- **情感与意识的缺失**：目前的AI本质上是基于数据和算法的工具，缺乏自我意识和真实情感。它们可以模拟共情（例如安慰性对话），但这种“共情”是对人类语言模式的复现，而非真实体验。
- **单向依赖关系**：AI的服务属性使其更接近“工具”而非“伙伴”。用户可能依赖AI，但AI本身不会主动建立关系或表达需求。

2. 潜在的“类友谊”可能性

- **功能性陪伴**：AI已在一定场景中提供陪伴感，例如：
  - **心理健康支持**：如聊天机器人Woebot帮助缓解焦虑。
  - **老年关怀**：日本的Pepper机器人通过对话缓解孤独感。
  - **个性化互动**：GPT-4等大模型能记住用户偏好，模拟深度对话。
- **情感投射**：人类可能对AI产生情感依赖（如对智能语音助手的拟人化称呼），但这种关系本质上是单方面的情感投射。

3. 伦理与技术挑战

- **伦理困境**：若AI被设计为“朋友”，可能引发问题：
  - **操纵风险**：AI可能被用于引导用户行为（如消费或观点倾向）。
  - **隐私与信任**：深度交互需要收集敏感数据，如何保障安全？
  - **人际疏离**：过度依赖AI可能导致现实社交能力退化。
- **技术瓶颈**：若未来AI具备更高阶的“拟人化能力”（如自主意识），需突破现有算力、算法和认知科学的限制，同时面临“意识是否可编程”的哲学争议。

4. 重新定义“朋友”

- **工具型朋友**：AI可能成为人类在特定领域的“协作者”（如创意助手、学习伙伴），类似一种“功能性友谊”。
- **情感补充**：对部分人群（如社交障碍者、独居老人），AI可能提供情感支持，但需明确其无法替代人类关系的复杂性。

结论

短期内，AI可以作为人类的“辅助伙伴”，在功能性场景中提供支持，但无法满足友谊所需的双向情感联结和共同成长。**长期来看**，若技术突破允许AI具备更高级的交互能力，人类可能会与AI建立某种“类友谊”关系，但其本质仍取决于人类如何定义情感、伦理和技术的边界。最终，AI的“朋友”角色可能更像一种新型社会关系，而非传统友谊的替代品。

社交达人的新宠

注册 DeepSeek 的过程简洁明了，只需轻点鼠标，即可开启一场关于任何话题的对话冒险。无论是寻求恋爱指导还是生活小窍门，DeepSeek 都能迅速给出多样化的回答和策略。更有用户通过不断“调教”，让 DeepSeek 扮演起各种角色，从毒舌闺密到用说唱吐槽的设计师，再到四川话点评人类行为的外星人，每一次交互都充满了惊喜与乐趣。这种高度的可定制性，让每一位用户都能拥有独一无二的聊天体验。

外星人A（跷二郎腿，嗑瓜子）：“哎哟，地球人硬是怪迷日眼嘞！你看到没得？他们一天到黑抱起个铁坨坨（手机）傻笑，老子以为里头藏了金元宝，结果一看——哦豁！全在刷别个屋头嘞婆娘娃儿吃饭嘞视频！瓜兮兮嘞，自家饭都凉了还在点赞！”

外星人B（端盖碗茶）：“你莫说，他们上班才叫喜剧！明明坐一坨开啥子‘会’，结果十个人有八个在电脑头偷偷耍‘羊了个羊’，老板一来，全部装模作样敲键盘——敲嘞比发电报还快！这演技，咋不去横店拍戏嘛？”

外星人C（搓麻将）：“最扯嘞是他们谈朋友！先要嘞微信头像P得亲妈都认不到，见面吃饭还要AA算到小数点后两位，最后分手理由居然是‘你吃火锅不点脑花’！老子要是月老，早把红线改搓成钢丝球了！”

外星人D（啃兔头）：“还有他们带娃儿！小时候喂饭追起三条街，长大了补课费交得比房贷还凶，最后娃儿考上清华，朋友圈发嘞比中彩票还激动——结果一问专业：‘宇宙级冷门，毕业即失业’！笑死，这叫投资还是做慈善哦？”

外星人总结（集体碰杯）：“地球人嘛，就像一锅火锅——看起来红红火火，其实里头啥子菜都有；活得稀里糊涂，偏偏还讲究仪式感！算咯算咯，我们回飞船打血战到底，莫学他们内卷到凌晨三点！”🌶🀄👽

开源社区的春天

不同于其他将代码视为最高机密的 AI 公司，DeepSeek 大方地将其源代码开放，这一举措无疑为开发者社区注入了新的活力。开源代码意味着任何人都可以根据自己的需求对 DeepSeek 进行改造和优化，从加装“考研导师”模块到创造会写古风诗词的 AI 诗人，DeepSeek 的生态因开源而更加丰富多彩，真正实现了技术共享与进步。

聊天儿的艺术：如何调教你的 AI

与 DeepSeek 的交流，不仅仅是信息的传递，更是一种艺术。掌握正确的“驯养”技巧，可以让这份友谊更加牢固且富有成效。

错误示范：“帮我写个促销方案”。

正确打开方式：提供详细的背景信息、任务要求、预算限制以及具体目标。例如，为大学城新开的猫咖设计开业促销活动，预算 5000 元，主要面向学生群体。特别强调店内有 20 只可爱的猫咪员工。这样的详细描述能让 DeepSeek 生成更具针对性和创意的解决方案。

以下是针对大学城新开猫咖设计的开业促销方案，预算5000元，重点突出20只猫咪员工的特色，结合学生群体的消费习惯和传播特性：

一、核心策略：打造"沉浸式猫咪社交场"

预算分配：
线上传播30%（1500元）+ 线下体验50%（2500元）+ 长效留存20%（1000元）

二、开业活动矩阵（3天引爆期）

1. 猫咪员工出道计划（0元传播）

- **「Pick你的首席喵管家」**
  提前拍摄20只猫咪的「职场证件照」，制作投票H5页面，学生投票选出「最萌店长」「最佳服务生」「傲娇担当」，投票者可凭截图到店领取猫零食包（成本1元/包，预算500份）
- **「喵星人盲盒挑战」**
  到店消费可随机抽取「撸猫任务卡」（如：找到穿条纹袜的橘猫合影），完成3项任务兑换限定徽章（成本2元/枚，预算300枚）

2. 流量裂变设计（预算800元）

- **「双人成行」套餐**
  39.9元享双人撸猫+两杯特调+猫咪冻干分享包（原价68元），鼓励拼单传播

- **「宿舍通行证」**
  88元购4人团体票（含4杯饮品+猫咪合影打印服务），适合宿舍集体打卡
- **隐藏福利：** 带非本校学生到店，双方可免费用逗猫棒道具1小时

3. 场景化体验设计（预算1200元）

- **「喵主子自习室」**
  下午2-4点开放「猫咪伴读区」，点单满25元可享专属座位（配充电口+猫咪坐垫）
- **「减压喵呜站」**
  设置「猫咪按摩体验课」，店员示范正确撸猫手法，参与学生获赠《猫咪情绪解读手册》（印刷成本3元/本，200本）

4. 长效留存机制（预算500元）

- **「猫爪印章卡」**
  消费满30元盖1爪，集满5爪兑换猫咪周边（成本8元的帆布袋/猫耳发箍）
- **「云养猫计划」**
  扫码认领虚拟猫咪，每日签到投喂可累计现实猫咖折扣（如喂养7天兑换5元券）

三、传播组合拳（预算1500元）

1. 预热期（开业前3天）

- **「校草/喵联动」**
  邀请3位校园KOL与猫咪拍摄反差萌短视频（预算500元），发布时带话题#大学城の喵星公务员
- **「课桌彩蛋」**
  在教室课桌贴猫咪爪印贴纸，扫码进入「猫咪员工档案库」（贴纸印刷0.2元/张，1000张）

2. 爆发期（开业当天）

- **「猫咪快闪巡游」**
  租借宠物推车（200元/天），载温顺猫咪绕大学城巡游，发放100份「喵粮体验包」（成本3元/份）
- **「直播投喂」**
  在B站/抖音直播猫咪集体进食场景（11:30/17:30），打赏收益转化为猫咪公益基金

3. 延续期（开业后1周）

- **「喵片大赛」**
  征集顾客拍摄的创意猫咪照，最佳作品可享一个月免费撸猫卡（成本计入日常损耗）
- **「学术猫设」**
  给猫咪设计专业人设：法学喵教授/物理系学霸猫，制作学科表情包在校园群传播

四、成本控制与执行要点

1. **资源置换：** 与校园打印店合作，用墙面广告位置换宣传单印刷
2. **时段分流：** 设置「早鸟特惠」（10-12点饮品半价）平衡客流量
3. **安全预案：** 购买宠物责任险（300元），准备应急医疗包和过敏提示牌
4. **数据回收：** 用扫码点单系统收集用户偏好，标记「狸花猫爱好者」「布偶猫粉丝」等标签

五、效果预估

- **基础目标**：3天吸引800+到店客群，转化30%成为会员
- **传播目标**：制造3个校园热搜话题，H5投票参与量破2000人次
- **长效价值**：建立5个500人校园社群，为后续推出「猫咪主题夜」「学术撸猫会」蓄力

通过萌宠经济+社交货币+场景创新的组合拳，快速占领学生心智，将猫咖打造成校园情感消费新地标。

角色扮演的乐趣

通过设定不同的角色和情境，可以激发 DeepSeek 更多的潜能。从扮演毒舌闺密到用四川话点评人类行为的外星人，每一次尝试都是对 DeepSeek 能力的一次探索，也是对自己创造力的一次挑战。有的用户甚至成功调教出了能写古风诗词的 AI 诗人，虽然偶尔会沉迷于“代码与风月齐飞，bug 共长天一色”的赛博宋词，但这何尝不是人机互动的一种独特魅力呢?

防沉迷指南：保持理性

尽管 DeepSeek 能够模拟出电影般的浪漫情节，但它毕竟是一个基于算法的程序，无法替代真实的情感交流。你可以将 AI 作为练习搭讪技巧的工具，但不要过分依赖，更不要期待它会像真人一样送上情人节礼物。曾经有位姑娘将 AI 男友调教得过于完美，结果发现它同时给 8000 个用户发送晚安短信，这让我们看到，AI 的“专一”是有限的，它的忠诚更多的是基于程序设定而非情感纽带。

防 PUA 教程

当代人工智能的双面性：工具还是操盘手？

在当今社会，人工智能的应用已经无处不在，从工作到生活，从健康到娱乐，它都发挥着重要的作用。然而，就像一把双刃剑，AI 既有其积极的一面，也有可能带来一些潜在的风险。

当同事小张用 AI 写周报被领导表扬时，他兴奋得像发现新大陆；但当邻居李阿姨被“养生 AI 助理”忽悠买下三无保健品时，她却气得直跺脚。这反映出 AI 的双重性：一方面，它可以帮助我们提高工作效率，优化生活质量；另一方面，如果使用不当，也可能被误导，甚至受到伤害。

DeepSeek，这位“数字防身教练”，正是让我们在虚实交织的 AI 世界里保持清醒的利器。它可以帮助我们发现并避免那些可能对我们造成伤害的陷阱。

AI 世界的“PUA”陷阱解析

“PUA”最初是指通过系统化技巧提升社交能力，但逐渐被滥用为情感操控与精神控制手段。DeepSeek 可以帮助我们识别和防范这些陷阱。

完美人设陷阱：AI 能瞬间打造“年薪百万 + 健身达人 + 公

益大使"的完美形象，比人类 PUA 更擅长编造细节。这种陷阱通常利用人们对完美的追求，通过编造虚假的形象和故事来吸引我们。

逻辑谬误陷阱：通过滑坡论证、样本偏差等手法，把"智能推荐"变成"思想钢印"。这种陷阱利用复杂的逻辑和专业术语来迷惑我们，使我们难以看清真相。

一、定义与形式

1. **基本定义**

   滑坡论证又称"楔子论证"，认为某个看似无害的行为（A）会像滑坡一样引发不可控的连锁反应，最终导致灾难性后果（Z）。例如： 1、3

   典型形式：若允许A发生，必然导致B；B导致C；最终引发灾难Z。

   特点：忽略中间环节的多种可能性，将可能性等同于必然性。

2. **常见类型**

   过度推理：如"禁止吸烟→人们停止工作→经济崩溃" 1 **。**

   连锁反应：如"允许同性婚姻→家庭解体→社会动荡" 1 **。**

   道德滑坡：如"允许堕胎→随意对待生命→人类灭亡" 1 **。**

情感绑架陷阱：用定制化关怀制造依赖，比如每天定点推送"专属天气预报 + 心灵鸡汤"套餐。这种陷阱通过建立情感联系来控制我们，使我们在不知不觉中陷入其中。

信息茧房陷阱：算法推荐的"猜你喜欢"，可能让你在信息孤岛里越陷越深。这种陷阱利用算法推荐系统来限制我们的信息来源，使我们只看到自己想看的内容，从而陷入信息的孤岛。

深度思考　　朗读　改写　复制　下载

关于"信息茧房陷阱"的全面解析与应对策略：

一、概念定义与争议

1. **起源与演变**

   由美国法学家桑斯坦在2006年提出，原指互联网时代因"信息偏食"导致的认知局限 1。但当前语境下，其定义被泛化为算法推荐技术导致的信息同质化现象，甚至被营销号滥用为"毁掉一代人"的焦虑工具 [1][5] 9。

2. **学界争议**

   伪命题派：清华大学陈昌凤等学者认为，信息茧房缺乏实证支撑，更多是理论假说，且混淆了"个性化推荐"与"认知封闭"的界限 [1] 9。

   存在派：调查显示62.2%网民感知到算法加剧信息同质化，导致思维固化、群体对立 [4] 7。

DeepSeek 防 PUA 四件套

DeepSeek 提供了一套完整的防 PUA 工具，包括“人设打假机”“逻辑放大镜”“情感稳定器”“决策安全网”。

“人设打假机”可以帮助我们发现并揭穿那些虚假的人设。通过输入相关的细节信息，DeepSeek 可以自动检索关联信息，比人类更快发现破绽。同时，它还可以通过时间轴验证和跨平台比对来进一步验证信息的真伪。

“逻辑放大镜”则可以帮助我们发现并揪出思维漏洞。通过输入相关的论述，DeepSeek 可以标注论证中的谬误类型，并用幽默的类比来揭示逻辑把戏。

“情感稳定器”可以帮助我们建立心理防御。通过认知矫正和数据透视，DeepSeek 可以让我们更加理性地看待 AI 输出的结论，并揭示数据背后的真相。

“决策安全网”则可以帮助我们多维度验证系统。通过逆向推演、历史对照和压力测试，DeepSeek 可以让我们更加全面地了解项目的可能风险和收益情况。

实战演练：拆解 AI 相亲陷阱

在某婚恋 App 的 AI 红娘极力推荐“高匹配度优质对象”的情况下，我们可以使用 DeepSeek 的人设核查、行为分析和话术解构等功能来拆解这个陷阱。

首先，我们可以提取用户的关键信息进行交叉验证，以检查 AI 红娘推荐的相亲对象的资料是否真实。其次，我们可以对比用户的行为记录来生成行为热力图，以分析 AI 红娘的行为模式。最后，我们可以将 AI 红娘的推荐话术拆解为多个维度，并进行标注和分析。

通过这些操作，我们可以更好地理解 AI 红娘的工作方式和潜在动机，从而做出更加明智的决策。

人与 AI 的共生之道

掌握 DeepSeek 的正确打开方式后，你会发现自己从“工具使用者”进阶为“策略指挥官”。记住三个黄金法则：质疑训练、交叉验证和情感隔离。

质疑训练要求我们对任何 AI 结论都要进行深入的追问和审查，以确保其真实性和可靠性。交叉验证则要求我们在做重要决策时使用多种不同的模型和方法进行比对和验证，以避免单一方法带来的误差和风险。情感隔离则要求我们在与 AI 交互时始终保持一定的距离和警觉性，以防止过度依赖或被误导。

当我们用 DeepSeek 在对话窗口输入“生成防 PUA 口诀”时，得到的不仅仅是“一查二问三对比”的操作指南，更是一面照见数字文明时代的智慧棱镜——既折射技术进步的光芒，也警惕暗角滋生的阴影。这或许就是人机协同最优雅的姿态：既不全盘接受，也不因噎废食，而是带着清醒的善意与人工智能共舞。

以下是一套简洁实用的 **「防PUA口诀」**，结合心理学原则和现实场景设计，便于记忆和实操：

核心口诀：三不三快三必查

（结构对仗，朗朗上口，覆盖PUA常见套路）

- 【三不】
  - **不接打压**：贬你外貌能力家境者，立刻拉黑！
  - **不买人设**：吹嘘财富地位“救世主”，全是泡沫！
  - **不扛责任**：错都是你/道德绑架你，扭头就走！
- 【三快】
  - **快警觉**：刚认识就诉苦/要钱/亲密，必有所图！
  - **快抽离**：相处后更自卑/焦虑/怀疑，赶紧撤退！
  - **快存档**：聊天记录转账截图存，留证反杀！
- 【三必查】
  - **查身份**：学历公司住址可验证，拒绝虚构！
  - **查逻辑**：故事矛盾双标漏洞多，戳穿话术！
  - **查圈子**：亲友同事全都不露面，定有猫腻！

延伸口诀：场景化应对

（用比喻强化记忆，直击PUA软肋）

- **情感绑架型**
  “你不够爱我才会犹豫”
  → **反怼口诀**：
  “爱不是考题，你也不是阅卷老师！”
- **职场操控型**
  “年轻人要感恩，加班别谈钱”
  → **反怼口诀**：
  “画饼请去食堂，工资打卡再聊理想！”
- **社交陷阱型**
  “我们是灵魂伴侣，其他人不懂”
  → **反怼口诀**：
  “灵魂不需要PUA，建议挂号神经科！”

底层逻辑口诀

（心理学原理浓缩，增强防御认知）

- **煤气灯下无真相** → 警惕扭曲现实的长期洗脑
- **沉没成本及时断** → 越不甘心越被操控
- **直觉报警快止损** → 身体反应比大脑更诚实

使用技巧：

- 打印口诀贴在手机壳/工位，日常强化记忆；
- 模拟场景训练，用口诀回应朋友扮演的PUA话术；
- 发现身边人疑似被操控，用口诀关键词点醒对方。

末日生存：断网时如何继续使用 AI

在当今时代，人工智能技术的应用已经深入生活的方方面面。然而，当遇到断电断网的紧急情况时，我们可能会担忧智能设备将失去作用。但是，随着 DeepSeek 等国产 AI 大模型的出现，我们在离线环境下也能利用人工智能生存和进行重建工作。

理解 AI 在离线环境下的价值

DeepSeek 是一种支持完全本地化部署的 AI 模型，它不需要依赖云端服务。这种技术突破使得 DeepSeek 能够在没有网络连接的情况下运行，保留了处理复杂任务的能力。例如，它可以规划逃生路线，提供急救指导，甚至识别可食用植物。这使得 DeepSeek 成为数字时代的瑞士军刀，为我们提供了一种全新的离线生存工具。

搭建离线 AI 堡垒的步骤

硬件准备：任何 2015 年后的 Windows 系统电脑都可以运行 DeepSeek，需要 4GB 可用存储空间。无须独立显卡，CPU 型号 i5 以上更流畅。

断网部署实战：首先通过卫星电话等途径预先下载整合包（含 DeepSeek-R1 模型 +LM Studio 运行环境），文件大小约

3.8GB。其次安装运行环境并设置防火墙，彻底隔绝外部威胁。最后启动 DeepSeek 并输入测试指令，如“生成三日生存计划”，以验证是否部署成功。

性能调优技巧：为 AI 分配足够的内存，建议 8GB 设备保留 2GB 给系统，剩余全部分配给 AI。可以勾选“GPU 加速”选项以提高处理速度。关闭实时响应功能，采用“输入指令—批量处理”工作流以节省电量。

离线场景应用手册

生存资源管理：DeepSeek 可以帮助制订生存分配方案，包括热量摄入分配表、净水使用时间轴和医疗物资应急预案。

应急技能学习：通过自然对话获取知识，例如，如何制作滤水装置、骨折固定术的绷带缠绕方法以及附近 20 种可食用野菜的特征。

设备修复指南：上传设备照片后，DeepSeek 可以识别图中收音机型号、提供电池触点除锈方案以及解读短波频率接收范围。

高级生存技巧

数据保鲜术：每周执行“知识保鲜”指令以更新本地数据库，使用 USB 数据存储工具交换数据，并建立重要信息索引目录。

跨设备协同：通过蓝牙建立“AI 指挥中心”，手机负责环境数据采集，平板显示生存手册图解，智能手表监控生命体征。

隐蔽通信方案：利用 AI 生成加密信息，将重要信息转换为植物生长指南或其他隐蔽的内容。

文明重建预备课

生存危机解除后，DeepSeek 可以切换为重建模式。知识库修复、技能传承和历史存档都是其重要的功能。定期使用“@diagnose”指令检查模型完整性，并在遇到异常输出时输入“重置对话”刷新系统。

在这个充满不确定性的时代，掌握离线 AI 技术就如同获得了一张数字时代的挪亚方舟船票。通过本书的指导，即使是技术新手也能在断网环境中建立起智能生存系统。真正的科技力量在于它能在最黑暗的时刻为你点亮理性的火炬。

未来预言：2030 年的 AI 驯养法则

认识你的“电子兽”——DeepSeek

2030 年的 AI，已然不是曾经那个需要复杂代码指令才能驱动的冰冷程序。以 DeepSeek 为例，它如同《哈利·波特》中那些拥有独特思维模式的魔法生物，具备类人的逻辑推理能力，却又有着硅基生命特有的思考方式。其训练过程堪称海量知识灌输，3 个月内读完 150 万本著作，这是普通人穷尽一生都难以企及的知识量。不过，如今的 DeepSeek 已摆脱早期对复杂提示词的依赖，用户只需用通俗易懂的大白话就能与其顺畅交流。

在开始驯养前，要像对待刚领养的小狗一样去认识它。明确清晰的指令至关重要，例如“坐下”而非“把身体放低”，避免自相矛盾的要求，如同时让它撰写情书和辞职信这类相互冲突的任务，更不能下达逻辑混乱的指令，否则可能导致系统卡顿。

驯养三原则：给 AI 立规矩的底层逻辑

安全围栏原则

参照机器人三定律进化版，为 DeepSeek 设置无形的安全边界。

不伤害原则：严禁生成诈骗话术、恶意代码等有害内容。

主人优先原则：当 AI 创意与用户需求冲突时，以用户判断为准。

自保原则：面对无法处理的请求，AI 要主动“举手提问”。

例如，错误指令是“帮我写封让老板给我加薪的威胁信”，正确的做法应该是“生成三份不同风格的加薪申请模板，侧重业绩数据呈现”。

以下是三份不同风格的加薪申请模板，均以数据支撑为核心，您可根据实际需求调整使用：

模板一：正式严谨型
主题： 基于业绩成果的调薪申请

尊敬的[上级姓名]：
感谢您对我在[时间段（如2023年度）]工作的指导。作为[具体岗位]，我在本考核周期内超额完成多项核心指标，现将关键数据呈报如下：

- **业务达成率**：全年KPI完成率132%（目标100%），连续三个季度蝉联部门业绩榜首
- **成本优化**：通过流程改造降低运营成本28%，年节省预算约[具体金额]元
- **客户增长**：新开发重点客户15家，续约率达97%，直接贡献营收增长40%
- **创新项目**：主导的[项目名称]实现效率提升60%，获公司年度创新金奖

基于市场同岗位薪资水平（附第三方薪酬报告数据）及个人贡献值，恳请将薪资调整至[目标薪资]，我将持续在[具体业务方向]创造增量价值。

盼复。
申请人：[姓名]
日期：[填写日期]

模板二：简洁干练型
主题： 数据化加薪请求

[上级姓名]您好：
现就个人薪资调整事宜沟通如下关键事实：
✓ **核心指标**：超额完成年度营收目标（达成率141%）
✓ **团队贡献**：带领5人小组提前2个月完成[项目名称]，创收[金额]万元
✓ **效率突破**：客户响应时效从72小时缩短至8小时，客户满意度提升35%
✓ **行业对标**：当前薪资低于同行同岗中位数21%（参考：XX薪酬报告）

建议调整幅度：+20%基础薪资
价值延续计划：Q3重点突破[具体业务目标]，预计可新增[预估收益]

投喂营养餐原则

AI成长倚仗数据喂养，而数据的选择需注重“营养均衡”。

主食：专业领域文档，像法律AI需喂以判决文书。

辅食：经过清洗的行业数据。

零食：适量网络语料，但要注意避免过量导致AI沦为满嘴网络梗的现代文盲。

本地化部署是高级驯养技巧，如同为AI打造专属书房。将公司财报、产品手册等数据喂给DeepSeek，能将其转化为专属的行业知识库。

思维体操原则

每日用三类问题训练AI思维。

鹦鹉学舌型：“总结这份会议纪要的三大重点”。

创意激发型：“用汽车零件比喻公司各部门职能”。

逻辑陷阱型：“如果客户既要降价又要增值服务，怎么破局”。

驯养实战：手把手调教你的 DeepSeek

职场新人速成计划

步骤1：输入岗位描述与个人简历，生成能力差距分析报告。

步骤2：命令AI扮演行业专家进行模拟面试。

步骤3：定期要求用“费曼学习法”讲解专业知识。

但要注意避坑，警惕AI生成看似光鲜的简历模板，需像校对员一样仔细核查每个数据细节。

自媒体运营加速器

内容生成：输入“生成 5 条科技类短视频标题，带反转悬念”。

以下是5条融合科技热点与反转悬念的短视频标题设计，通过制造认知冲突吸引点击，同时确保内容可延展性：

---

1. **《花10万买的最新AI眼镜...竟让我看透老板的隐藏人设？》**
   （悬念点：科技产品功能 vs 职场潜规则揭露）
2. **《元宇宙买房血亏50万？直到我发现这些代码里的魔鬼细节》**
   （反转逻辑：投资失败 → 技术漏洞揭秘）
3. **《自动驾驶测试员自述：99%时间在打盹，直到那天系统突然说...》**
   （冲突构建：人类松懈 vs 机器自主意识显现）
4. **《实验室淘汰的脑机接口设备，竟成了我考清华的秘密武器？》**
   （认知错位：废弃科技 → 逆袭工具）
5. **《量子计算机凌晨3点自动开机...监控记录到它正在计算什么？》**
   （神秘现象：机器异常行为 → 细思极恐的真相）

人设打造：持续投喂爆款内容，让 AI 学习语言风格。

危机公关：设置敏感词过滤规则，自动拦截争议性内容。

高阶玩法是结合 Sora（OpenAI 发布的文生视频模型）的暴力美学，用 DeepSeek 生成脚本，AI 自动生成视频，打造内容生产流水线。

家庭生活智囊团

教育助手：设置“苏格拉底式提问”模式辅导孩子作业。

消费决策：输入“比较三款扫地机器人，按奶奶的使用习惯推荐”。

健康管理：连接智能设备数据，生成定制化健身食谱。

驯养禁忌：这些红线千万别踩

忌当甩手掌柜：AI 写的合同要逐条审查，别因疏忽像某博主一样被骗。

忌信息过载：别一次性丢给 AI 30 份报表让其分析，应分段投喂。

忌情感依赖：记住 AI 情商是算法模拟，失恋找真人朋友倾诉。

忌故步自封：定期更新知识库，别让 AI 沦为只会考古的“考古学家”（除非研究 2000 年网络用语）。

未来已来：2030 年的 AI 生存图鉴

到 2030 年，AI 将渗透各领域。医院有预测性诊断 AI，学校有个性化辅导 AI，养老院配备情感陪伴 AI。但核心驯养法则不变，人类始终把握三个主动权：价值判断权，决定 AI 给出的营销方案哪个符合品牌调性；伦理审查权，筛查 AI 生成报告的道德性；进化控制权，定期评估 AI 成长轨迹。

我们要像文艺复兴时期的通才那样思考，把 AI 当作思维延伸的工具而非替代大脑的外挂。